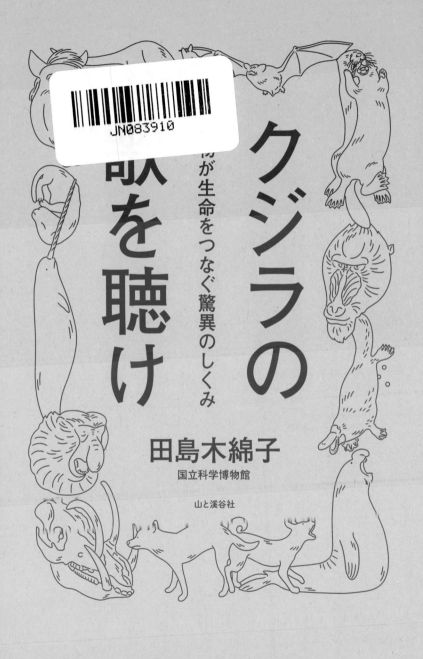

クジラの歌を聴け

物が生命をつなぐ驚異のしくみ

田島木綿子
国立科学博物館

山と溪谷社

はじめに

「生理終わってよかった！」

「本当に！　ねぇ、りんびょうすっごい大変だった〜」

これは私が獣医大学に通っていた頃、電車の中で同級生たちと大声で交わしていた会話である。

最初の「生理終わって〜」というのは、獣医生理学の実習が終わってホッとしたということ、その次の「りんびょう」とは重篤な病気の淋病とは関係なく、臨床病理学（略して「臨病《りんびょう》」）の授業が大変だった、という意味である。

当時は周りの方々が聞いたらどう思うだろう？などと1ミリも想像できず、今から思えば恥ずかしい限りである。

しかし、時が経ち大学を卒業してからも、当時の同級生との会食の席で、臨床繁殖学実習でヤギの交尾がすさまじく速かったこと、牧場実習で発情したウマが突然、事故死してしまったことなど（いずれも詳しくは本文を参照のこと）を大盛り上がりで話していたら、お店の方から「お客様。申し訳ないのですが、もう少し、小さな声でお話ししてくださいますか」と、やんわり注意される始末。

まったく懲りていない――。

冒頭から、私の残念な体験をお話ししてしまったのには、理由がある。

一般的に、動物や生物の「性」や「繁殖」について話す機会は日常的に多くないだろう。それどころか、話題にするのは恥ずかしく、憚《はばか》られると感じる方が多いかもしれない。

一方、獣医大学を卒業して現在は研究者として働いている私にとって、動物の性や繁殖について話題にすることは、ごく自然で当たり前のことである。それはひとえに、動物たちの性や繁殖が常に「生きること」とセットであり、恥ずかしいことという概念がほとんどないからに他ならない。

さらに、彼らの性の営みや繁殖行動に隠されているさまざまな工夫や戦略を知るほどに、大きな感動を覚え、尊敬の念すら抱いているからである。

たとえば、シャチのオスは背ビレが2メートルの高さにまで達する。シャチの群れの中でも、圧倒的な存在感で海面にそそり立ち、一目でオスであるとわかるほどだ。

巨大すぎる背ビレは、オス同士が闘うための直接的な武器になるわけでもなく、では泳ぐのに有利なのかというと、かえって邪魔にもなる代物だ。それでも、背ビレの大きさがオスの強さを象徴することから、背ビレが大きいオスほどメスにモテる。

他方、同じ海の哺乳類でもザトウクジラのオスは、メスへの求愛アピールとして、ソング（歌）を奏でるよう進化した。とくに群れをつくらず、大海原を回遊して生きるザトウクジラにとって、最も優先すべきは、繁殖相手と出会うこと。

そのために、3000キロメートルを超えて鳴り響くソングを身につけた。

このように、動物の求愛方法は、生息環境や生活スタイルによって、驚くほど変化に富んでいる。本書の1～2章では、海の哺乳類と陸の哺乳類のそれぞれについて、工夫に満ちた求愛戦略を紹介していく。

海に棲む動物には海に棲む動物なりの、陸に暮らす動物には陸に暮らす動物なりの苦労と事情がある。それを知恵と工夫、熱意で乗り越えて、求愛にいそしむ彼らの奮闘ぶりといったら……。ときに命さえ落としかねない、ドラマチックで悲喜こもごもの話を楽しんでいただきたい。

3章と4章は、それぞれオスの繁殖戦略とメスの繁殖戦略について紹介している。ずばり、生殖器と交尾についての話である。

生々しくてイヤだわ……と思われる方もいるかもしれないが、動物たちが確実に繁殖を成し遂げるために、オスとメスそれぞれが磨き上げてきた形態と機能――この素晴らしさに感嘆するのではないだろうか。

前述の友人たちとの会食中に叱られた話に出てきたとおり、ヤギの交尾は一瞬で終わる。実習中、教員に「あっという間だから見逃すなよ」と言われていたものの「そうはいっても……」とどこかのんきに構えていたら、本当に一瞬だったときの驚き。一瞬というのは、手をパンと叩く間にもう終わっている、という具合だ。

ヤギのような草食動物は、常に「食われる」ことを警戒して過ごさなければならない。交尾中も、例外にあらず。そのために、オスは一瞬で確実に交尾を終えられるように体のしくみを変化させた。

一方、哺乳類のメスは、なぜ子宮と胎盤をもつようになったのか。

そこには、哺乳類が現在のように繁栄することができた重要な「カギ」が隠されている。

また、子宮も胎盤も、出産の形態もワンパターンではない。イルカをはじめとする鯨類は、逆子で出産するほうが安産だし、ウシの胎児は足先に餅のようなプニュプニュを付けて生まれてくる。一体、なぜだろう？

それぞれの動物の生き方に応じて、生殖器も最適な形へと進化した理由を紹介している。

最後の5章では、動物の子どもたちが、生まれながらに身につけた生存戦略についてまとめた。

野生動物は、生まれ落ちたその瞬間から、命の危険と自立のプレッシャーにさらされる。親はもちろん守ってくれるけれど、自分で自分の身を守る術《すべ》ももたなければ、生きていくことは難しい。

イルカやゾウの子どもが、笑っているように見えたことがないだろうか。この笑顔も、じつは哺乳類が進化の過程で獲得した驚きの戦略なのである。

本書では、動物行動学の視点に加え、解剖学から見た動物の体の特徴や戦略について、できるだけわかりやすく解説するよう心がけた。

骨や筋肉、内臓を観察することで、初めて見えてくるものがある。動物たちが生命をつなぐために身につけた驚異的なしくみを、存分に味わってもらえたら嬉しい。

動物は、何のために求愛し、繁殖するのか——。

答えは、しごく明快だ。動物たちにとっての性や繁殖は、子孫を残し、種を繁栄させるという実に動物的・生物的に単純な目的のためである。

動物の中でも人間は、進化の過程で脳が著しく発達した生物であり、だからこそさまざまなものを発明し発展させ、ここまで繁栄してきた。しかし一方で、少し頭で考え過ぎてしまう傾向もあるように思う。

私自身、そうであるし、性や繁殖について考えるときも同様かもしれない。

それに比べて、動物たちが性や繁殖と向き合う姿は、直接的で単純だが、一面、ひたむきで真摯《しんし》にも映る。

オスがメスに必死に求愛し、メスはクールにオスを見定めること。

親が一生懸命、子どもを育てること。

子どもが、非力ながら必死に生きようとすること。

そこには「生命をつなぐ」というシンプルな目的があるだけである。彼らの生きざまを知ると、そうかぁ、もっと単純に考えてもいいのかな、生きることはみっともなくったっていいんだよな、と少し楽になることもある。

そして、動物たちのことを知れば知るほど、人間に当てはまることも多く、私たちは同じ仲間であることを実感する。言葉は通じなくとも、私は動物たちから実に多くのことを教えてもらい続けている。

あなたも、クジラの歌を聴いてみませんか。

田島木綿子

もくじ

1章 クジラの歌を聴け
〜海の哺乳類の求愛戦略

3章

ヤギの交尾を見逃すな

～オスの繁殖戦略

4章

イルカは逆子で産みたい

～メスの繁殖戦略

5章

子ゾウは、笑う ～子どもの生存戦略

クジラの歌を聴け

1章

クジラの歌を聴け

海の哺乳類の求愛戦略

イントロ

愛を求めているわけじゃない

私たち人間にとっての「求愛」は、字の如く相手の愛情を求めることが目的になり、その後の「繁殖」という行動へ繋がらないことも少なくない。

これに対して動物たちの「求愛」とは、愛情を求めるよりもむしろ、「繁殖」への序章に過ぎないといっていい。彼らにとって一番肝心なのは、いかに繁殖行動を成功させ、子孫をより多く残すかにあり、それがすべてである。

いささか即物的で、ロマンのかけらもない印象を受けるかもしれないが、そのくらい動物たちにとって子孫を残す――自らの「種」を維持する――ことは重要で、生を受けた個体の使命として全力を注ぐべき本能的な行動なのである。

繁殖期の動物のオスとメスの頭の中は、交尾して自分の子孫（遺伝子）をどれだけ残せるかでいっぱいである。とはいえ、男女の関係が一筋縄ではいかないのは動物も同じ。とくに、オスはメスに拒まれたら子孫を残せない。だから、オスはメスへの求愛アピールに必死になる。ときには自らの命を捧げてまで、メスとの交尾につなげていく。それはもう飽くなき作戦の連続で、なりふり構ってなんかいられないのである。

他方、メスは基本的に〝待ち〟の姿勢をとる。オスに好かれようとがんばるといった気配は、ほとんどない。オスたちの必死の求愛戦略をクールに見定め、より生存能力の高いオスの遺伝子を結果的に獲得するのである。このように、動物界では交尾に至るまでの主導権と選択権は絶対的にメスにある。

海にその生活を託した哺乳類は、広大な海洋という環境の中でその死闘を繰り広げなければならない。広大な海洋では相手に出会えること自体、奇跡に近い偶然なのかもしれない。

それを必然とするために、水という媒体を利用してより遠くまで響き渡らせるソングを奏でてみたり、重力から解放された体を使ってダイナミックなジャンプを繰り広げてみたり、強さの象徴として体の一部を特異な形にしたりして相手を魅了する。

海洋という環境であっても、彼らも我々と同じくオスとメスが交尾をしなければ、次の生命は紡げない。相手に出会える本当に数少ないチャンスをものにするために、彼らは陸上にいる哺乳類とは異なった工夫や戦略を実践しているのである。

背ビレの大きさこそ強さの証

シャチは背ビレでセックスアピール

メスにアプローチするためのオスたちの工夫と戦略は、じつに多種多様である。数千年、数万年、あるいはそれ以上の果てしない歳月をかけて、体の一部をモデルチェンジした生物たちがいる。〝海の王者〟シャチも、その一例だ。シャチは、生物学的には鯨偶蹄目《げいぐうていもく》ハクジラ亜目マイルカ科に分類されるクジラである。

「ん？　クジラで、ぐうていもくで、イルカ？？？」

のっけから頭が混乱するかもしれない。じつは、シャチとイルカはどちらもクジラ類で、シャチやイルカといった呼び名は、人間がそれぞれの見た目や大きさから区別しやすくするために名づけたものであり、生物学的にはシャチもイルカもクジラも違いはない。

また、クジラ類の祖先をさかのぼると、陸上の偶蹄目動物（ウシ、シカ、ヤギ、カバ、イノシシなど）と共通であることが、近年明らかとなった。つまり、シャチやクジラの祖先は、はるか遠い昔、ウシやカバと同じように陸上や水辺で生活していたが、5000万年ほど前に海へ再び戻っていったのである。それも、哺乳類であり続けながら、海での生活を選択した。哺乳類のまま海で生活することの大変さについては、後ろの章で改めて紹介する。

水族館などでショーをするシャチを見たことのある人も少なくないだろう。その圧倒的な大きさや歯の鋭さに驚愕《きょうがく》しながらも、ときおり笑顔のような表情を見せるその姿に、私はイルカにもひけをとらない愛くるしさを覚える。しかし、自然界のシャチは英名「Killer whale」の名が示すとおり恐ろしくどう猛で、〝海の覇者〟といわれる一面をもつ。

また、環境への適応能力が非常に高いため、世界中の海に生息することができている。世界中でシャチの研究は進められ、遺伝的・生態的に異なる個体群（エコタイプ）が複数存在することが知られている。

たとえば、カナダのジョンストン海峡では、通年定住してベニサケを主食とする「レジデントタイプ（定住型）」のほか、外洋で生息し年数回ジョンストン海峡に来遊する「トランジェントタイプ（回遊型）」、ほとんど外洋で生活している「オフショアタイプ（沖合型）」の3タイプが確認されている。トランジェントタイプとオフショアタイプは、イルカやアザラシもエサの対象としている。

さらに、南アフリカ沖合の個体群は、〝海のギャング〟と呼ばれるホオジロザメも食べる。この個体群のシャチの目当てはサメの肝臓にあると考えられている。サメの肝臓には、ビタミンAやDなどを含む脂肪が蓄えられている。

私が幼稚園に通っていたころは、帰り際にいつも担任の先生から甘いゼリーみたいなものを1つもらうのが習慣となっていた。当時はそれが「サメの肝油ゼリー」とは知らず、「なぜいつも1つしかくれないのか？」「この甘いゼリーを口いっぱい頬張りたいのに……」などと不満に思ったものだ。

この肝油ゼリーは幼稚園児に大人気で、いつの頃からかゼリーを先生からどうやって面白くもらうかというバトルが繰り広げられるようになっていた。手を交差して蝶の形をつくったり、両手を合わせて睡蓮の花のような形をつくったり、いかに面白い形をつくり出せるかを競い合うのだ。

ちなみに私はいつもやり過ぎて「ゆうこちゃん、先生、ゼリーをどこに入れたらいいかわからないわ」と先生を困らせていたものだ……。昔から人間も「サメの肝油」を栄養として珍重してきたように、シャチにとっても重要な栄養源なのだろう。

オーストラリアのパース沖合では、世界最大の動物であるシロナガスクジラの子どもを、シャチの群れが襲う様子も確認されている。群れとはいえ、自分の体長の数倍あるシロナガスクジラに向かっていくのだから、気の強さは尋常ではない。

その他、アラスカや南極、北極にもさまざまな個体群が生息し、日本でも近年、北海道の東にある根室海峡に、ほぼ通年シャチが来遊または定住していることが確認されている。レジデントタイプやトランジェントタイプなどのタイプ分けを含めて、国内でも盛んに研究が進められている。

このように、海洋生態系の中では無敵のシャチでも、仲間うちでメスに選ばれなければ、自分の子孫を残すことはできない。そこでメスの気を惹くために、オスのシャチが進化の過程で獲得したのが、「大きな背ビレ」である。

オスのシャチは、成体では体長9メートル前後まで成長し、性的に成熟したオスの背中には2メートル近い立派な背ビレがそびえる。メスのシャチの体長は7~8メートルで、オスとそれほど変わらないが、背ビレの長さは60センチメートル程度。つまり、オスの背ビレは、メスの3倍にものぼる。オスのシャチにとって、大きな背ビレは〝セックスアピール〟といったところだろう。

海の哺乳類の背ビレ、魚類の背ビレ

背ビレといえば、もともと魚類の専売特許だが、魚類の背ビレとシャチのようなクジラの背ビレは、構造がまったく異なっている。

魚類の背ビレは、「硬骨魚類（体骨格が我々と同じ骨質で構成された魚たちで、マグロ類やスズキ類といった大半の魚がこれに属する）」と「軟骨魚類（体骨格が軟骨で構成された魚たちで、サメ類やエイ類の板鰓《ばんさい》類が該当する）」で異なる。

硬骨魚類の背ビレは骨質からなる「鱗状鰭条《りんじょうきじょう》」で構成され、他方、軟骨魚類の背ビレは角質（ケラチン）で構成される。私も大好きな、酒のあてとしてお馴染みの「エイヒレ」は軟骨魚類の背ビレを含むヒレであり、角質（ケラチン）でできている。つまり、魚類の背ビレは、骨かケラチンで構成されているのだ。

これに対し、シャチの背ビレは、皮膚が伸長して形成されたものであり、内部に骨要素は含まれていない。私たち人間の皮膚と同様に、シャチの大きな背ビレはコラーゲン（線維状のタンパク質）の豊富な皮下組織と皮膚で構成され、弾性に富むコラーゲンによって2メートル近い大きな背ビレを維持している。

また、魚やクジラ類の背ビレは、基本的に遊泳の際の舵取りや、体のバランスを保つ役目を果たしているが、シャチの背ビレには、背ビレを動かす専属的な筋肉は存在

海面にそそり立つシャチのオスの背ビレ

せず、背ビレだけを動かすことはほとんどできない。加えて、クジラの中には背ビレのない種もおり、シャチのメスや若オスの背ビレに至っては成体オスの3分の1程度の大きさしかない。

　つまり、背ビレがなかったり、小さくても問題なく海中で生活しているということは、シャチの成体オスがもつあの大きな背ビレには別の理由があるというわけである。

「オス同士で戦うときの〝武器〟じゃないかな？」

　当たらずといえども遠からずだが、どうやら正解は他にあるようだ。シャチの場合、オス同士でメスやエサをめぐって戦うときの主要な武器は、長さ10センチメートル前後の鋭い歯と、強靭《きょうじん》な尾ビレである。

前記したように、シャチは大型のクジラや肉食のサメを襲うことができるほど、強い歯と顎をもち、巧みな狩りの戦術を仲間同士で実践する能力ももっている。尾ビレのパワーも絶大で、シャチの尾ビレの一撃は、サメを即死させるほどの威力をもつといわれている。

一方の背ビレは、直接的な武器としては機能しない。しかし、相手を威嚇するうえでは十分な役割を果たす。動物界では、相手を威嚇する際の最も簡単な方法は、身体の大きさを誇示することである。背ビレが大きければ大きいほど、一瞬で相手を黙らせることができるため、直接の死闘が始まる前に、決着がつく。

ネコやイヌを愛でている人はご存じだろうが、初めて出会ったネコ同士またはイヌ同士は、まずお互いに鼻と鼻をくっつけてクンクンし合う。このとき、相手の臭いを嗅ぐと同時に、オス同士の場合、相手の身体の大きさを自分と比べることで、相手との優劣を見極めている。シャチの場合も、戦わずして勝つためには、手っ取り早く身体を大きく見せたいのである。

さらに、シャチを含むクジラ類は、相手を威嚇する際にブリーチング（横倒しの姿勢で水面上に身体の上半身またはその大部分をジャンプして露出させ、そのまま一気に水面をたたき付けるように落ちていく行動）も行う。このとき、背ビレや身体が大きければ大きいほど大きな音や水しぶきを出すことができ、相手を威嚇するには有効となる。

おそらく普通の生活では、あんなに大きな背ビレは必要ではなく、むしろ邪魔そうに見える。それでもメスを獲得するために、あるいは仲間のオスを威圧するためにつくり出したのが、シャチの背ビレなのだろう。主要な武器である歯や尾ビレを大きくするよりも、一目瞭然な最もわかりやすいメスへのアピールなのである。

母系社会を形成するシャチだが、メスの集団の中に大きな背ビレをもつオスがいると、私たち人間が見ても圧倒的な威圧感を覚える。加えて、そんな立派な背ビレをもつオスのシャチも、その集団のビッグママ（その個体群の遺伝的元祖となるメス個体）に甘えたり、他のメスの気を惹こうと必死な素振りをすることもあり、そんな様子を見かけると「可愛いなあ」とギャップ萌えしてしまう。

私が学生時代に、前述のジョンストン海峡で見たシャチの中に「A30」という個体名が付けられた有名なオスのシャチがいた。そのシャチの背ビレは本当に立派で、高さ2メートルは優に超えていた。A30のような立派な背ビレを見てしまうと、人間の私でもうっとりしてしまうのだから、同種のメスが魅了されない訳がない。

ソングを奏でて振り向かせる

聴覚に目をつけたザトウクジラ

陸上の動物は、視覚や嗅覚をフルに活用しながら求愛戦略を練ることが多い。一方、太陽光のほとんど届かない海の中では、視覚はさして役に立たない。嗅覚も、水中ではニオイの分子の拡散速度が遅く、十分に働かない。

そこで、流行りのラブソングを歌い、聴覚を利用してメスにアプローチする海の動物が現れた。その代表格がザトウクジラである。水中での音の伝搬速度は大気の4倍ともいわれており、より遠く、より速くソングを響かせることができるのである。

ザトウクジラはナガスクジラ科の一種で、世界中の海に生息する。赤道を挟んで北半球に生息する群と、南半球に生息する群に大別でき、それぞれさらに複数の群に分かれるが、すべてのザトウクジラに共通するのは、毎年数千キロメートルに及ぶ季節性の大回遊を行うことである。

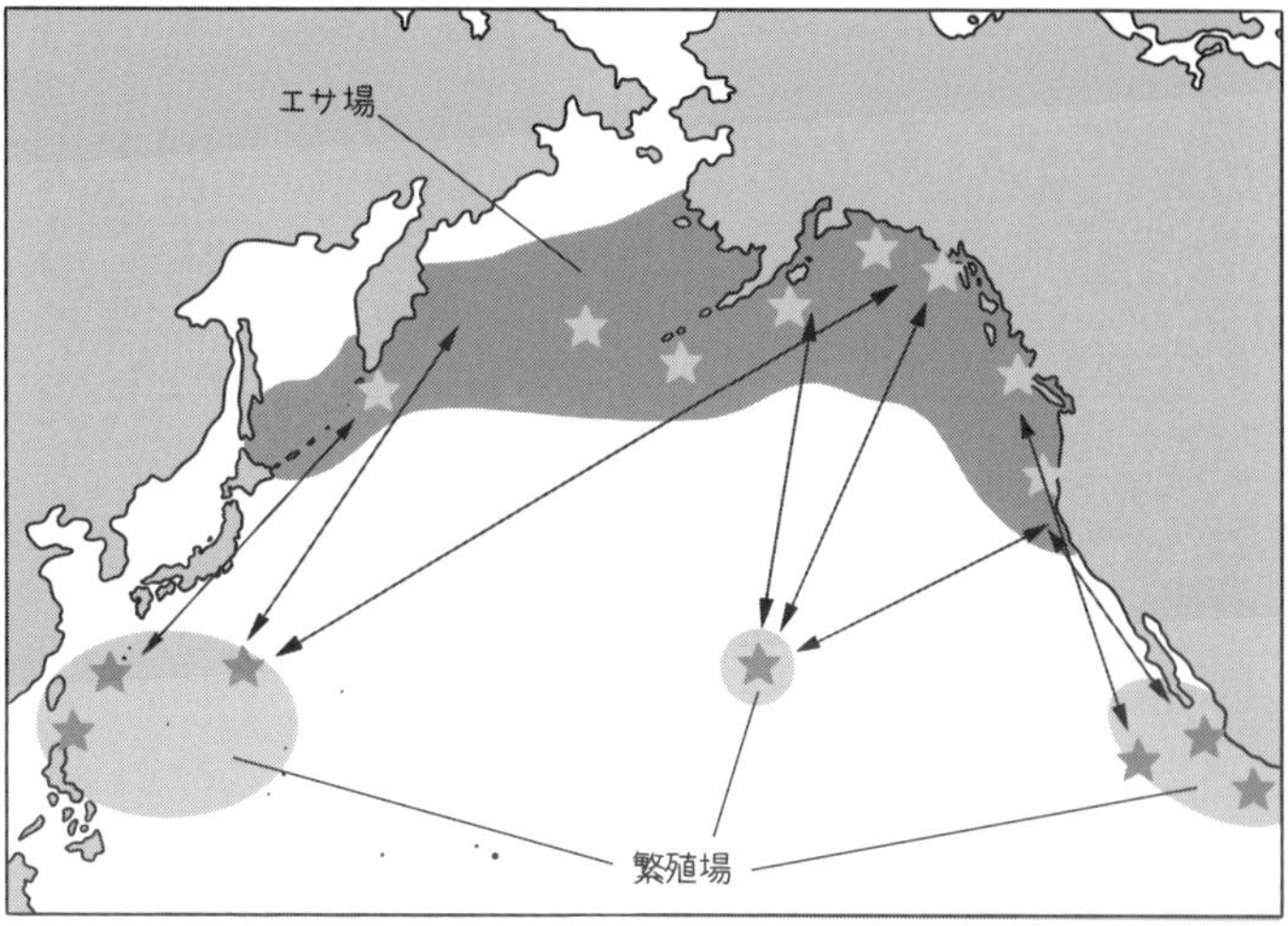

ザトウクジラの北太平洋の回遊経路

北半球では、暖かい季節（初夏から初秋）は、エサが圧倒的に豊富な寒い高緯度の摂餌《せつじ》海域で、貪《むさぼ》るようにエサを食べて体に栄養を蓄え成長し、寒い季節（晩秋から初春）が近づくと、暖かい低緯度海域へ移動して繁殖活動を行い、春になると再び高緯度の海域へ戻っていく。そうした回遊を毎年繰り返している。

日本近海では、初秋から早春にかけて、沖縄や小笠原諸島周辺でザトウクジラの姿を目にすることができるが、この一群は約5000キロメートルも離れたベーリング海から、出産・子育てを目的にやってくる。オスもメスも長旅に備え、ベーリング海にいる間に、オキアミやイカナゴ、タラ、カラフトシシャモ、カタクチイワシなどの群性生物を「これでもか」というほどたらふく食べる。ザトウクジラのエサの摂り方はきわめて特徴的なので、求愛戦略の話の前に少し紹介しよう。

クジラの仲間は、口の中に歯のある「ハクジラ」と、歯の代わりに〝ヒゲ板〟をもつ「ヒゲクジラ」の2種類に大別される。ザトウクジラは後者に属し、ヒゲ板を使ってエサを摂る。ヒゲ板は、上顎の粘膜がケラチン化して伸長したもので、上顎だけに存在し、上顎の全長にわたり数百枚のヒゲ板が1列に連なっている。エサを食べるときは、大量の海水ごと一気に口の中に流し込み、ヒゲ板を使ってエサとなる生物だけを漉《こ》し取る。

このとき、エサと共に取り込む海水の量は1回50トンを超えるともいわれている。ザトウクジラの体重は30トン程度だから、体重の2倍近い量の海水がエサと共に流れ込んでくることになる。

人間は一度にそんなに多量の水を体内に入れることはできないが、ザトウクジラを含むナガスクジラ科のクジラは、進化の過程でそれをクリアできるしくみを生み出した。大量の水とエサを一時的に貯留できる空間を体内につくったのである。それが「腹側嚢《ふくそくのう》（Ventral Pouch）」と呼ばれる空間である。

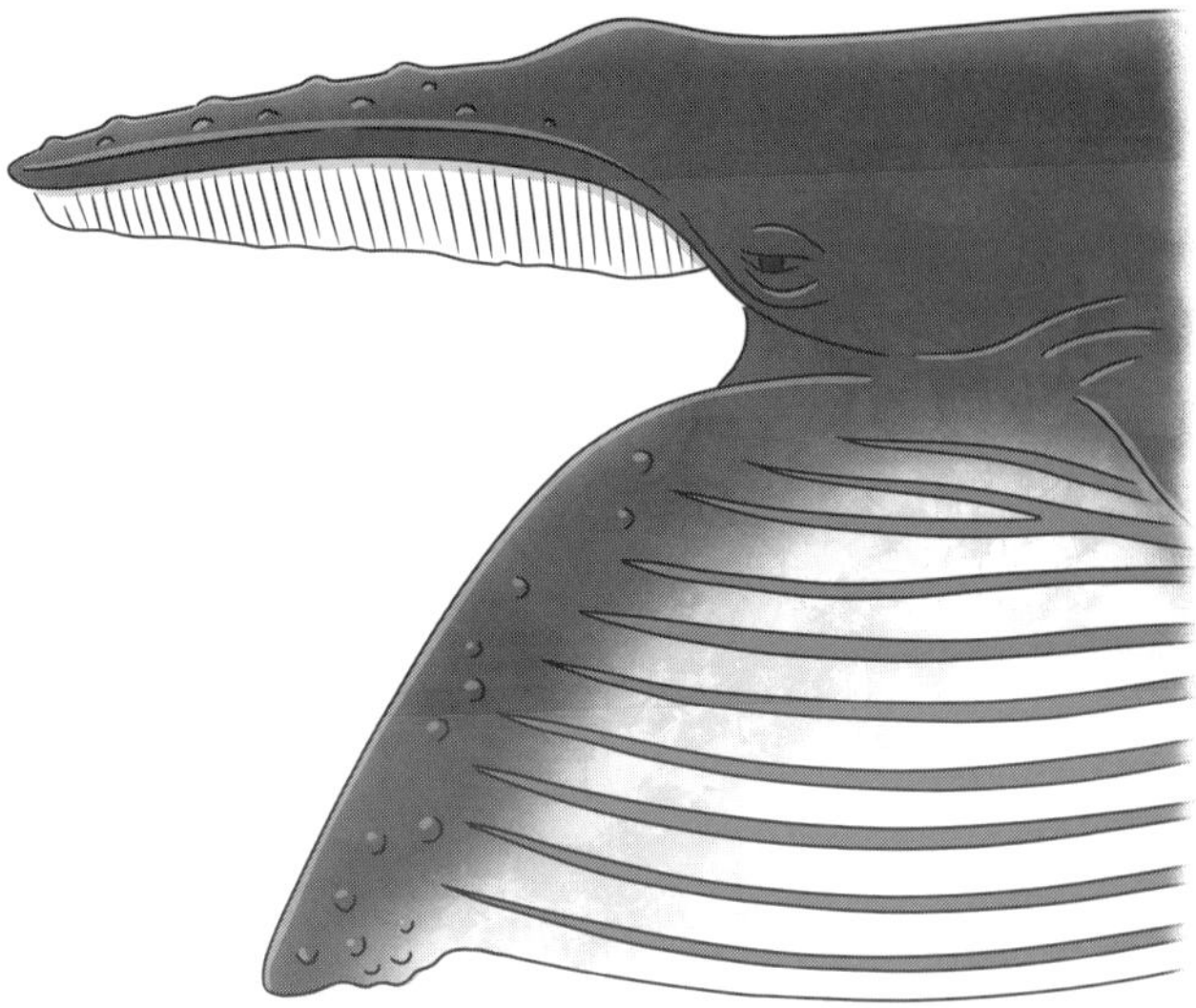

膨らんだウネ

腹側嚢は、ザトウクジラを含むナガスクジラ科が備えており、喉から腹部にかけて存在するウネ（畝：伸縮性に富んだ蛇腹状のひだ）の皮下にあり、エサと共に大量の水が口の中に入ってくると、口の床が落ち込んで腹側嚢へ流れ込むしくみになっている。

その後、ウネや舌、喉の筋肉などを巧みに使い、水とエサを口の中に戻しながらヒゲ板でエサだけ漉し取り、水は外へ排出するのである。非常にダイナミックな摂餌法で、大量の水とエサで蛇腹のウネが最大限伸長したとき、ザトウクジラを含むナガスクジラ科のクジラの頭部の腹側は大きく膨らみ、さながらオタマジャクシのような外観となる。ウネはそれほど伸縮性に富んでいる。

ウネと近しい構造としては、イヌやネコの首の背中側の皮膚を摘まむと、皮膚の下にたるたるした隙間がある。獣医学の領域ではそこに皮下注射を打つのだが、あの構造と少し似ている。

エサの豊富な海域で体にたっぷり栄養を蓄えたザトウクジラは、秋を迎える頃、約30〜40トンもの巨体を揺らしながら、時速5〜15キロメートルで大海原を泳いで5000キロメートル先のハワイや沖縄、小笠原諸島という繁殖海域へ向かう。

その道程で、ザトウクジラのオスたちは、求愛のためのソングをつくり上げていくのである。

まだ見ぬ相手に出会うための歌

ザトウクジラのソングは、複雑な階層で構成されている。少し専門的な話になるが、ザトウクジラのオスは、繁殖期になるとどこからともなく、ある規則をもって発せられるいくつかの音の連なりと定義される「ソング（歌）」を奏でるようになり、これが反復されると長時間の鳴音となる。

音の最小単位をユニットと呼び、ユニットがいくつかのかたまりをつくりだして、サブフレーズやフレーズを形成する。同じフレーズがテーマを構成し、フレーズが異なって出てくると、それに伴いテーマも変化する。このいくつかのテーマが集まって「ソング」を形成するようだ。

このような「ソング」は、ザトウクジラほど複雑な構造ではないものの、同じヒゲクジラ類のシロナガスクジラ、ナガスクジラ、ホッキョククジラ、ザトウクジラ、ミンククジラも奏でることが知られている。

ヒゲクジラ類は、ハクジラ類の行うエコロケーション（自ら発した超音波の反響により、自分の位置や周囲の物体との距離、方向などを認知する方法）を行わないため、ハクジラ類の発する「鼻声門（フォニック・リップス）」や、その鳴音を調整する音響脂肪の「メロン」は存在しない。

そのため、ソングをどこから発しているのかは、いまだに明確には解明されていない。繁殖時期にオスだけがソングを奏でることから、メスに対する求愛行動の一つであることは明らかだが、実際にどのように活用されているのかは未解明な部分が多いのが現状である。

ザトウクジラのソングは、毎年変化する。つまり、繁殖期の初めの頃には、前年と同じようなソングを歌っていた個体も、誰かが新しい歌を奏でるようになるとすぐに覚えて、その繁殖海域のザトウクジラはみな同じソングを奏でるようになり、流行歌が生まれる。

いったい誰が最初に歌い始めて、それがどうやって広まるのか、そのメカニズムは今でも研究されている。ただ、北半球では西から東の海域へ伝わることが確認されている。つまり、摂餌海域からこの歌合戦は始まっているようなのである。

ザトウクジラのオスが、求愛戦略として他のクジラと一線を画す複雑なソングを歌い始めた背景には、大規模回遊を行うことが深く関係すると考えられている。繁殖海域へ向けて回遊する際、ザトウクジラは20~30頭で移動するが、固まって移動するわけではなく、おのおの自分のペースで進む。

ゴールの繁殖海域は決まっているものの、繁殖海域に到着してからメスを探したのでは、ライバルがわんさかといて、遅きに失する可能性が高い。ゴール地点までに少しでも早くメスに出会ったほうが断然有利になるが、広い大海原でオスとメスが出会うのは、そう簡単なことではない。

そこで、繁殖海域へ向かう途中でメスに気づいてもらえるように、ザトウクジラのオスは、自慢の複雑なソングを奏でて「ボクはここにいるよ」とメスにアピールすることにしたと考えられる。その歌声は、およそ3000キロメートル先まで響くといわれている。オスとメスがめでたく出会ってペアになると、一緒に並んで泳いだり、胸ビレでふれ合ったり、体を密着させる様子も見られる。交尾を終えた後も、しばしのデートを楽しむ場合もある。

オスの優しさを利用するメス

オスの必死の努力とは裏腹に、繁殖期のザトウクジラのメスは、何もしなくてもとにかくモテモテである。メスの周りには複数のオスが集まり、一夫多妻ならぬ〝一妻多夫〟の様相を呈する。確実に子孫を残すためにメスは何頭ものオスと交尾をし、妊娠して出産したあとは子育てに専念する。

子連れのメスは、基本的に発情することはない。子どもが生まれると、分泌されるホルモンが切り替わるからだ。発情している間は、女性ホルモンの一種であるエストロゲン系のホルモンが多く分泌されるのに対し、子育て中は乳汁分泌を促すプロラクチンや、愛情ホルモンとも呼ばれるオキシトシンなどが多く分泌される。このホルモンの影響で「オスより我が子！」のモードになり、オスのことはまったく眼中になくなる。

しかし、そんな子育て中のメスの周りにも、常に数頭のオスが寄り添い、ソングを歌い続ける様子が見られる。陸上の哺乳類のオスに見られる「子殺し（別のオスの子どもを殺してメスの発情を促す行為）」などは行わず、それどころか、子連れのメスを見つけると母子を共に守るような行動を示す。

そうしたオスは「エスコート」と呼ばれ、母子クジラが波風の少ない浅瀬や島影などへ行けば、エスコートのオスも大きな胸ビレを巧みに操って、母子に危険が及ばないように注意しながら並走するのである。ザトウクジラのオスの徹底した〝ジェントルマン〟の対応は、まさにエスコートの呼称がふさわしい。

もちろん、オスたちも無償で母子をエスコートしているわけではない。母子を守りながら交尾のチャンスを虎視眈々《たんたん》と狙い、わずかな確率に賭けるのである。実際にエスコート役のオスが交尾する行動が繁殖海域で見られることはあるが、それが妊娠に繋がっているかどうかは定かでない。

そんなオスを尻目に、子連れのメスはエスコートされることを当たり前と受け止めているのか、オスに守られながら子育てを完遂する。その年に交尾できなかったオスは、翌年までチャンスをもち越すことになる。不憫《ふびん》な気もするが、「来年こそは」というオスの強い思いが、他のクジラに真似できない特有の複雑なソングを生み出す原

ザトウクジラのエスコート（上がオス）

動力になっているのかもしれない。

ザトウクジラの優しさは、繁殖活動以外の場面でも散見される。たとえば、繁殖海域で子育てをしていた母子クジラが、春になってエサの豊富な海域へ移動する際、子どもはまだよちよちの幼い場合が多い。そんな母子を摂餌海域で待ち伏せしているのが、前出の Killer whale としてのシャチである。

カナダの研究チームが撮影に成功したケースでは、メキシコの近海からベーリング海の近くまでやっとの思いでたどりついたコククジラの親子に対し、突如どこからともなくシャチの群れが猛スピードで襲いかかろうとした。

しかしその瞬間、こちらもどこからともなく数頭のザトウクジラが現れ、コククジラの母子をかばうようにシャチとの間に分け入った。その結果、あのシャチですら止むなく退散したという。間一髪でコククジラの母子は助かり、ザトウクジラたちは何事もなかったかのように、その場をスーッと立ち去ったそうだ。まさに、ヒーロー中のヒーローである。

別のエピソードでは、氷上にいたアザラシにこれまたシャチが複数で突進し、海へ転げ落ちたアザラシを食べようとしたとき、これまたどこからともなく現われた1頭のザトウクジラが、アザラシを体の脇に乗せて仰向けのまま数十分泳ぎ続け、シャチからアザラシを助けたという。クジラにとって仰向けで泳ぐという行動は、その間の呼吸ができず、命に関わる。つまり、このザトウクジラは自分の命を賭けてまで1頭のアザラシを助けたことになり、驚くべき行動である。

さらに、ザトウクジラの知能と社会性の高さを感じる行動はエサをとる時にも見られる。彼らは、仲間同士で協力してエサを追い込む〝バブルネットフィーディング〟という摂餌方法を実践する。これは群集性のエサ生物の周りを、複数のザトウクジラが等間隔で時計回りに円を描きながら泳ぎ、噴気孔から泡を出しながらゆっくりと浮上し、泡のネット（バブルネット）でエサ生物を群れごとトラップし、海面で一網打尽に仕留めるのである。動物界では、仲間で協力し合ってエサを取ることは比較的珍しく、この摂餌方法を行うのは、クジラの中でもザトウクジラだけである。

ザトウクジラのソングは、YouTubeや市販されているCDでも聞くこともできる。または、繁殖海域の沖縄や小笠原諸島で、素潜りすれば生のソングを聞くことができるし、ハイドロフォン（水中マイク）を搭載した観光船に乗れば、スピーカーから今年流行りのソングも耳にすることができるかもしれない。

ザトウクジラのソングは、音に高低差や強弱があり、長い音や短い音の繰り返しで、楽器の中ではビオラやオーボエの音色を彷彿《ほうふつ》させる。ザトウクジラのソングを愛してやまない私は、その鳴音を聴くとすぐに涙腺が崩壊してしまう困った事態に陥る。

ソングを奏でているクジラに素潜りで近づいていくと、音が聞こえるだけでなく、身体にその振動も伝わってくることもしばしばであり、まさに、天然のドルビーサラウンド効果であろう。

傷だらけのオスがモテる

アカボウクジラの傷は漢の勲章

オス同士の激しい闘いによって体に刻まれた傷を「漢《おとこ》の勲章」とし、メスへの求愛アピールに利用しているのが、アカボウクジラ科のクジラたちである。ここではその中でもアカボウクジラについてご紹介する。この種は体長6・7〜7メートルで、体重は2〜3トン。クジラの中では中型サイズで、体の厚みは薄いが体軀はがっしりしており、短いくちばしがある。

前項で述べたように、クジラは「ハクジラ」と「ヒゲクジラ」の2種類に分けられ、アカボウクジラは前者のハクジラに分類される。ハクジラとは「歯をもつクジラ」のことで、アカボウクジラは、成熟したオスにだけ下顎から1対の歯が萌出する。

本来、動物にとって歯というのは、獲物を仕留めたり、仕留めた獲物を咀嚼《そしゃく》したりするための消化器官である。しかし、アカボウクジラの歯はどちらの役割も担っていない。アカボウクジラは主に深海のイカや甲殻類などを食べているが、エサを摂取するときは海水ごと口の中に吸い込み、噛まずに丸飲みしてしまう。歯を一切使わないことは、アカボウクジラのメスの歯が、下顎の骨に埋没したまま生涯出てこないことからも明らかである。

「歯がないのに、どうやってイカを食べるの？」

そんなふうに人間は思いがちだが、人間の常識が他の生物に当てはまるわけではなく、アカボウクジラは、主食のイカや甲殻類を、そのまま丸飲みして素早く胃で消化する。食べ物（エサ）をよく噛んで味わうという嗜好《しこう》性よりも、素早く消化して栄養にすることの方が重要なのであろう。

では、何のためにアカボウクジラのオスには歯が萌え出るのかというと、繁殖期にメスをめぐってオス同士で闘うためである。歯を使って相手の体を攻撃するのだが、このとき闘いに勝っても負けても傷を負う。幾度もの闘いを勝ち抜いていくため、百戦錬磨の個体の体は傷だらけになる。傷は治癒したあとも白い2本の平行な線状痕として体表に残り、これが「闘いを重ねてきた強いオス」の証となる。

通常、傷を負うことは野生生物にとってマイナスになる。傷は命を脅かすリスクになることから、手負いのオスを好むメスは、自然界にはあまりいないだろう。しかし、

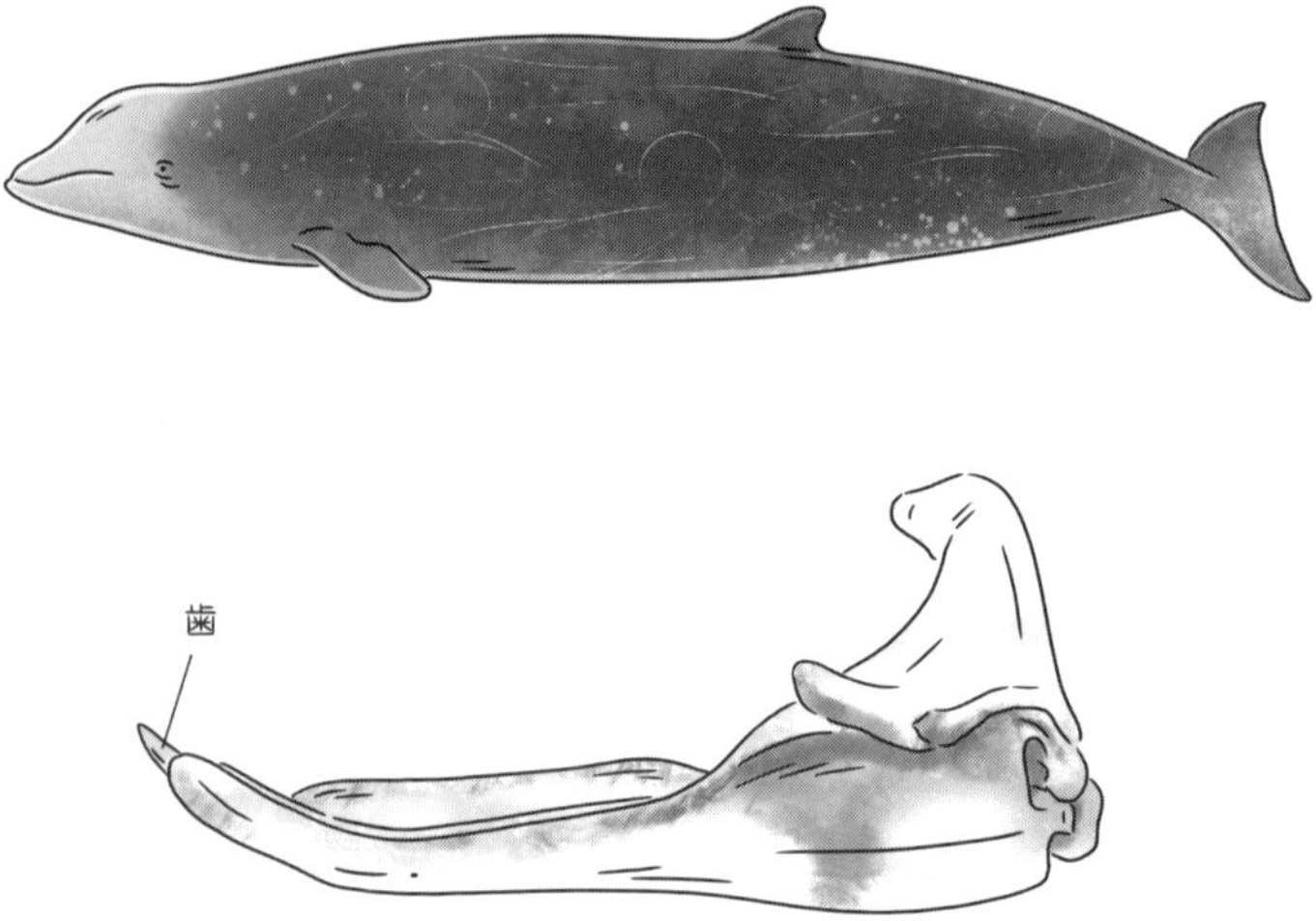

傷だらけのアカボウクジラとオスの下顎骨格

アカボウクジラのオスは、あえて傷が治癒したあとに痕跡が残っても問題ないようだ。

それを強いオスの証として、メスへのアプローチに活用しているのだから、策士である。実際に、傷跡が多いオスほど体も大きい傾向があり、メスにモテる。

アカボウクジラは、日本の近海に広く分布している。潜水能力が非常に高く、深海に生息する頭足類や甲殻類などのエサを求め、最大約3000メートルまで潜水した記録もある。

通常は30分から1時間程度で浮上するが、4時間近く潜水していた記録も報告されている。これはクジラの中では最長記録である。なぜアカボウクジラだけ長時間の潜水が可能なのかは、今のところわかっていない。

アカボウクジラの体表には、白色の丸い傷跡もたくさん見られる。これはダルマザメという深海性のサメに皮膚を食べられた痕跡で、前出の漢の勲章とは別物である。ダルマザメの英名は「クッキー・カッター・シャーク（Cookie-cutter shark）」。つまり、型抜きクッキーのように、クジラの皮膚をパコっと丸く食いちぎる摂餌方法であり、この傷が白色の丸い傷跡として体表に残るのだ。これはアカボウクジラのオスだけでなく、メスの体表やカツオやマグロといった大型魚類やウミガメにも見られる。

ちなみに、和名の「アカボウクジラ」は、赤ん坊にその横顔が似ているから、ということで付けられた。いくら立派な歯を誇示しても、横顔が赤ちゃんでは漢の勲章もあったものではない。

そもそも赤ん坊の顔に似ていると思ったのは人間側の話であり、クジラにしてみたら生まれもった容姿をとやかくいわれる筋合いはないだろうが、ちょっとだけ可愛く思えてしまう。

求愛のため歯の機能を捨てたイッカク

イッカクの牙の品評会

ハクジラ類の中で、アカボウクジラと同様に「歯」を求愛戦略に活用しているもう一つの種が、イッカク科イッカク属に分類されるイッカクである。イッカクは、カナダ北部やグリーンランド西部の極域に生息し、普段は数頭〜20頭の群れで暮らしているが、複数の群れが同じ海域に集まることもある。

イッカクは漢字で「一角」と書く。これが混乱の元凶なのだが、そもそも、顔から前方に細く伸びる白い棒状の器官をもった動物を、初めて目にした西洋人がユニコーンという空想上の四つ足動物になぞらえ、これをユニコーンと呼ぶようになってしまった。

それに続き、和名もこのユニコーン（1つの角）を直訳して「一角：イッカク」と付けられたのである。英語ではNarwhalというが、学名は*Monodon*：Mono（1つ）

-odon（歯）、*monoceros*：Mono（単一の）-ceros（角）である。

属名（*Monodon*）では、この白い細長いものを歯だと述べていて、種小名（*monoceros*）では角になっているところを見ても、発見当時から、いったいこの生き物が何なのか、人々を混乱させていたことがうかがえる。

このイッカクオスがもつ最大の特徴である細長い白い棒状のものは、角ではなく、歯（切歯）が発達した「牙」である。イッカクオスの上顎の切歯は、性的成熟に伴い、なぜか左側の1本だけが上唇の皮膚を貫いて伸び続ける（まれに2本伸びる個体もいる）。

オスの体長は4〜5メートルだが、牙は成長とともに顔の皮膚を突き破って伸び続け、最長約3メートルにもなる。クジラの仲間でこれほど立派な牙をもつのはイッカクだけである。こうした現象は、基本的にオスだけに見られることから、これもオスの求愛戦略と考えられている。

イッカクの牙は、一般的な哺乳類の歯と構造的には変わらないが、左向きにらせんを描くように捻《ねじ》れながら伸長するため、長く伸びた牙は、ある程度の強度を保っている。この牙をぶつけ合い、メスやエサの争奪戦が繰り広げられると考えられている。

アメリカの研究チームによると、繁殖期にオスがメスを挟んで牙の長さを競い合う姿がよく見られ、牙の太さより長さのほうが、メスにとって重要な選択肢であること

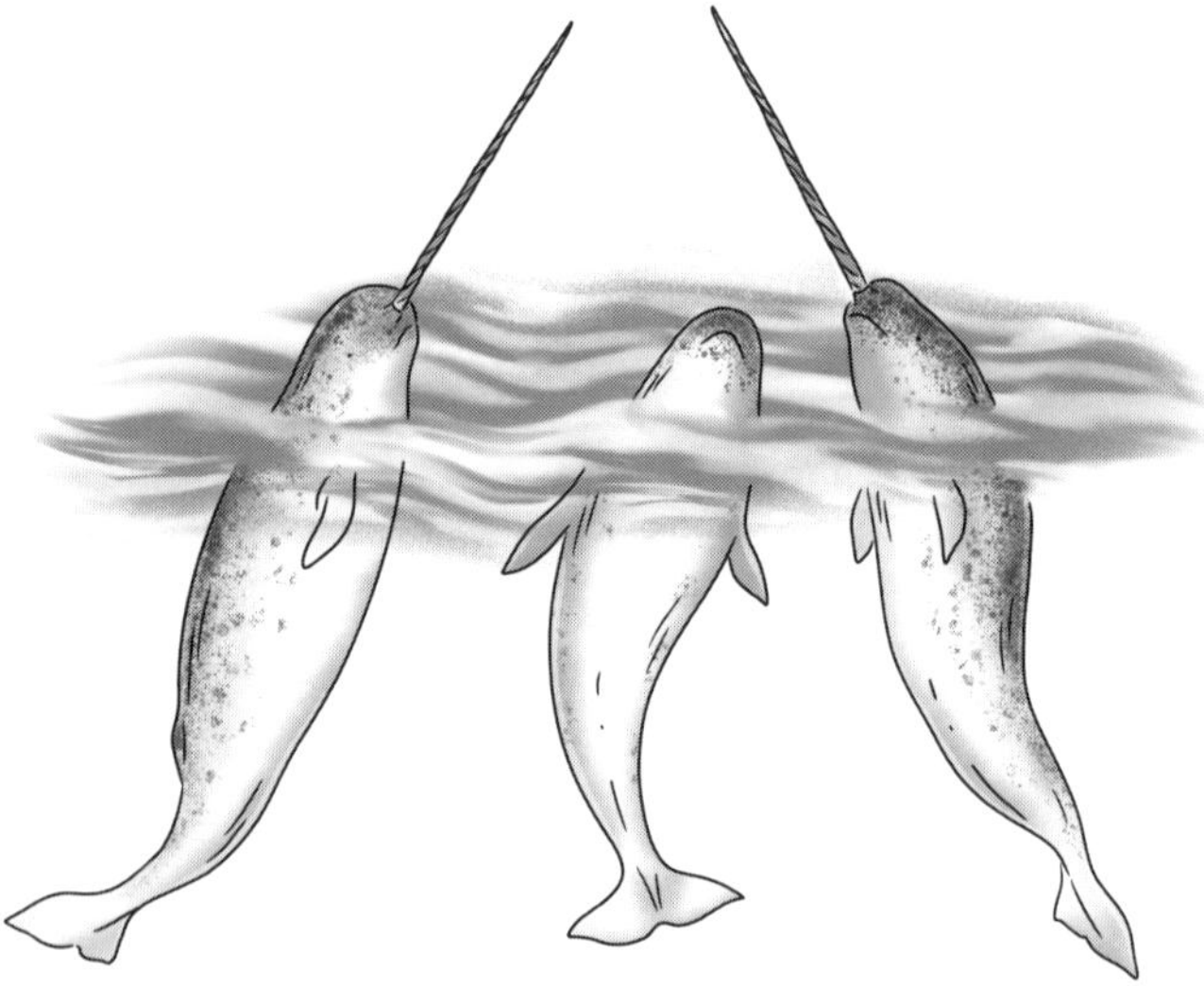

牙の長さを競い合うオス

が示唆された。つまり、牙の長いオスほど生殖のチャンスが多くなる。

そのため、繁殖期のオス同士の闘いは、牙のぶつけ合いというよりは、牙の品評会として進行され、そこで一番長い牙をもったオスが優勝（勝利）し、多くのメスと交尾できる機会が得られるという研究成果である。

また、イッカクの牙のらせん状の溝には、牙の内部に海水が浸入する経路があり、その海水を内部の血管や神経が感知し、周囲の環境や海流をとらえているという、いわば感知センサーとしての役割を担うことを示唆する研究報告もある。しかし、歯の内部に海水が入るという構造は、一般的な哺乳類の歯としては承服しがたい。

たとえば、私たち人間が虫歯になったとき、食べものやジュースなどが少しでも歯の奥に入ると相当の痛みを伴う。「痛てて……歯にしみる」というあの感覚である。さらに、イッカクの牙に感知センサーとしての機能があるならば、メスに歯がないことは生物の生き残り戦略に欠けるなど反論も多く、現在も議論や研究が続いている。

いずれにしても、イッカクのオスにとって、じわじわと皮膚を貫いて発達する上顎の切歯は〝根性試し〟のようで、その痛みを想像するだけでゾワゾワする。実際に牙が貫いた皮膚の部位は、当初は盛り上がって出血している。

それでも、時間の経過とともに皮膚は正常に戻り、昔から牙がそこにあったかのように受け入れられている。それほどまでしないと、メスにアピールできないのかと感服するしかない。

ラッコの愛情表現が痛すぎる理由

オスがメスに噛みつく理由

海の哺乳類の中で、食肉類イタチ科に属するラッコの恋は、オスがメスにちょっかいを出すことから始まる。普段、メスとオスは別々に行動しているが、メスが発情するとオスの群れに飛び込んでいく。すると、発情したメスを見つけたオスがそのメスに近寄り、鼻でつついたりしてデートのお誘いさながらの行動を開始する。

ラッコの場合、体の大きいオスがモテるとか、死闘を勝ち抜いたオスだけがメスへの交尾権を獲得できるなどの壮絶な競争はないようだ。偶然出会い、繁殖のタイミングがあったオスとメスが求愛行動を開始するという、比較的平和な状況下で事は進んでいく。

メスがその気になると、オスとメスが海面で一緒に並んで浮かんでいたり、じゃれ合ったりして、しばしラブラブな時間を過ごす。穏やかに寄り添う姿はほのぼのする

ラッコの交尾

光景で、「やっぱりラッコって可愛いな」と思う。

ところが、このあとの展開が凄まじい。突然オスは体を反転させ、メスの背後に回ったかと思うと、後ろからメスの鼻に噛みつく。そしてそのまま、交尾を行うのだ。

なぜ、噛みつくのか。あんなに仲睦まじい関係に見えたのに……。

オスがメスに噛みつく一番の理由は、交尾のときの体勢を安定させるためと考えられている。ラッコの交尾は不安定な海上で行われるため、オスはメスの動きをコントロールして確実に交尾を完遂したいのだ。

また、交尾中であっても、オスも

メスも呼吸する必要がある。そこで、オスは鼻を噛むことでメスの頭部を海面上に固定し、お互いの呼吸を確保するという独特の方法を生み出したという見方が支持されている。

しかし、鼻というセンシティブな部位を噛むとは、お主なかなかわかっておるのぅ、と時代劇なら越後屋さんに褒められるであろう。ウシの鼻輪（鼻環）も同様なのだが、鼻を押さえられると無条件に抵抗できずにおとなしくなる動物は多い。

ネコ科動物を運ぶときに首根っこをつかんだり、ウマにハミ（馬銜）を施すのも、そうした動物の急所を活用して不動化する手段である。海上という不安定な場で確実に交尾を行うために、オスがメスの鼻を押さえて動きを封じることは理にかなっている。

とはいえ、ラッコの場合かなり強い力で噛んでいるようで、メスの顔が血まみれになったり、傷跡が残る場合も少なくない。場合によっては、その傷が原因でエサを食べられなくなったり、感染症で死亡することもあるというから、おだやかではない。

ラッコというと、一般に可愛いイメージが先行する。確かに、おなかで貝を割って食べたり、顔の毛づくろいをしたり、おなかに子どもを乗せて泳いでいる姿は「可愛い～」の一言に尽きる。しかし、ラッコはイタチ科の哺乳類であり、体長は１００～

130センチメートルと意外に大きい。イヌにたとえるならシェパードくらいの体格である。力も強く、ラッコにとってはじゃれついているつもりでも、水族館の飼育員さんが水槽に引きずり込まれそうになったという話もよく耳にする。発情期にはとくに気性も荒くなる。

今最も心配されているのは、日本の水族館からラッコが消えてしまうのではないかということだ。1980年代にアラスカから鳥羽水族館に初めて4頭のラッコがやってきて、90年代の最盛期には国内に122頭もいたラッコが、現在はわずか3頭にまで減ってしまった。そのうち1頭は高齢で、残り2頭は同じ母親から生まれた姉弟であることから、このままでは日本の水族館でラッコを目にすることはできなくなる。

一方で、嬉しい知らせもある。野生のラッコは北太平洋の北米から千島列島沿岸に主に生息しているが、近年では、北海道東部の沿岸に野生のラッコの生息が改めて確認されるようになった。以前は日本沿岸にも多くのラッコが生息していたのだが、毛皮を目当てに乱獲された結果、姿を消してしまっていたのだ。

しかしここ最近、個体数が回復し、日本周辺にも来遊するようになったようである。さらに、母子連れも確認されているということなので、日本で野生のラッコが普通に見られるような、多様性のある海が戻ってほしいと願わずにはいられない。

海底に出現するミステリーサークルの謎

1990年代半ばに、鹿児島県の奄美大島の海底に不思議な造形物（サークル）が見つかったというニュースが飛び込んできた。

ニュース情報によると、砂地に描かれたこのサークルの特徴は次のようなものであった。

・直径は約2メートル。
・中心部から縁に向かって放射状に多数の溝が刻まれている。
・サークルの縁には二重の土手があり、貝殻の破片などが散らばっている。
・サークルが現われるのは4月から8月頃に限定されている。

地元で「ミステリーサークル」と呼ばれるようになったが、誰がどのような目的でこのミステリーサークルをつくるのか、ずっと謎のままであった。

そして２０１１年、このサークルが小さなフグのつくる産卵巣であることが判明した。水中写真家の大方洋二氏が小型のフグがサークルをつくる姿を目撃したことをきっかけに、国立科学博物館名誉研究員の松浦啓一先生によってフグの正体が明らかになったのだ。

松浦先生は、科博の動物研究部部長や副館長も歴任され、私もとてもお世話になった方である。松浦先生がそのフグを観察する機会を得たのは２０１２年７月初旬とのこと。そのときの様子が次のように語られている。

奄美大島で大方さんやテレビ局の人達と一緒に水深25メートルの海底に潜るとミステリーサークルが現れた。そして、サークルの中心部に全長12センチメートルくらいの小型のフグがいた。

フグはサークルの中心部で忙しそうに砂地を鰭《ひれ》でかき回していた。サークルの世話をしているのは雄だった。雌はサークルを訪れて、中心部で雄と寄り添って産卵することが分かった。ミステリーサークルは産卵巣だったのである。

（海洋政策研究所ホームページより）

海の中で、さぞかし興奮されたことと思う。

その後の研究で、ミステリーサークルをつくるフグはシッポウフグ属の新種であることがわかった。

ミステリーサークルをつくるフグの存在は大きな反響を呼び、人気者になった。

生物の新種が正式に認められるためには、標本とともに（これをタイプ標本と呼ぶ）論文を発表する必要がある。

しかし、標本を採集するということは、生きているフグを殺すということでもある。

松浦先生は、地元の方たちに向けて、新種論文を発表するために標本がなぜ必要なのか、標本のために数体を採集しても絶滅の心配はないことを丁寧に説明したそうだ。

その後、無事に標本と共に新種記載の論文が発表された。

地元の人たちから「奄美大島にちなんだ名前をつけてほしい」と頼まれていた松浦先生たち研究チームは、検討の末、この新種のフグにアマミホシゾラフグという和名を命名した。

フグの体表に白い斑点があることと、奄美大島の美しい星空にちなんで「アマミホシゾラフグ」としたそうである。なんとも夢のある名前である。

私もこの愛らしい種名も相まって、このフグがとても好きになってしまった。

2015年4月には、国際生物種探査研究所が選考する「世界の新種トップ10」にこのアマミホシゾラフグが選ばれたそうである。

しかし、アマミホシゾラフグのオスは、なぜこのような手のこんだ巣をつくるのかが気になる。松浦先生の研究からわかったことは、次のようなものである。

アマミホシゾラフグの雄は直径2メートルもある複雑な形をした産卵巣を1週間かけて作る。すると、雌がやって来て、産卵巣の中心部に卵を産む。卵は5日後にふ化する。なぜ、アマミホシゾラフ

ミステリーサークル

グの雄は1週間もかけて、ミステリーサークルと呼ばれる複雑な図形を海底に描くのだろうか。産卵巣を見ると、中心部から縁に向かって多数の溝が放射状に走っている。このため、どの方角から流れが来ても、中心部に海水が集まるようになる。

その結果、中心部の海水がよどむことはなく、常に新鮮な海水が卵に供給される。卵が成長するためには酸素を含んだ新鮮な海水も必要であることは言うまでもない。放射状の溝は卵にとって快適な環境を与えているのである。

（海洋政策研究所ホームページより）

多くの魚類は、海底や川底の窪みに卵を産み、親がヒレを動かして卵に水を送る場合が多い。タコなども、産卵すると口を使って常に新鮮な海水を送り込み、卵に酸素を供給する。

ふつうに考えれば、こうしたやり方のほうが、大掛かりな産卵巣をつくるより簡単だろう。しかし、アマミホシゾラフグは多大なエネルギーをかけて産卵巣をつくるほうを選択した。

この理由として、松浦先生の研究によると、産卵巣の形が効果的にメスを呼び込むためにに役立っているという。

アマミホシゾラフグが暮らす海底の砂地は広大で変化が乏しいため、オスはメスへの求愛戦略として、複雑で大きなサークルをつくって目立たせるというのだ。メスからすると、子ども(卵)を安心して産み育てられる環境を整えられるだけの力をもったオスを繁殖相手に選ぶという思惑もあるだろう。

アマミホシゾラフグの産卵行動の謎がすべて解明されたわけではないが、メスは子孫を確実に残すために有利となるようなオスを選択することを示す好例といえよう。

2章

ゴリラの背中を見よ

陸の哺乳類の求愛戦略

イントロ

命のために、命をかける

人間を含む哺乳類の大半は、陸上に生活の拠点を置いている。野生下で生活する哺乳類たちは、山や渓谷、ジャングルや森林、砂漠やサバンナ、ツンドラといったじつに多種多様な環境の中、それぞれがそれぞれの戦略をもって生き抜いている。

サバンナや砂漠といった平地や遠くまで見渡せる地に生息する動物では、メスへのアピールには、体の一部をとにかく大きくして目立たせる傾向がある。目立ってなんぼ、そこから勝負が始まる、というわけである。

一方、ジャングルや森林ではそもそも鬱蒼《うっそう》と生い茂った木々があるため、単純に体の一部を大きくするとかえって邪魔になる。そのため、たとえば顔の色を変えてみたり、背中の毛を目立たせたりすることで、彼らなりのアピールを繰り広げる。さらに、鼻や頬を大きくするという小規模改変を施しながら、精一杯の求愛を行う動物もいる。

中には、求愛の道具である牙を他のオスよりも長く長く……と伸ばし続けた結果、命を落とすものまでいる。まさに、「求愛＝命がけ」である。

私たち人間も、さまざまな求愛行動をとっている。動物たちにはとても敵わないかもしれないが、それなりに努力している。好きな子にわざとちょっかいを出してみたり、反対に急に優しくしてみたり、ラブレターを渡すなど「直球で」アピールしたり……身に覚えのある方も多いのではないだろうか。

こうして見てみると、体の一部を変化させたり壮大な巣をつくり上げてアピールする動物たちに比べて、我々ヒトの求愛は控えめな行動にも見える。一方、意中の相手に気持ちを伝えるためにライバルに悟られないよう密かにサインを送るなど、複雑な頭脳戦を行う。

16世紀の医学者・解剖学者として知られるアンドレアス・ヴェサリウスは、ヒトをヒトたらしめているものは「脳」であると説いたが、求愛行動からもそれを想起させられる。

地球上の多種多様な環境下に生息域を広げた生物としては、今や哺乳類がダントツ1位である。それは、長い年月をかけてたゆまぬ工夫を重ね、驚くほど多種多様になった求愛戦略があってこそであろう。

銀色に光る背中は成熟のしるし

ゴリラ流・男は黙って背中で語れ

日本では数年前、動物園のオスゴリラの〝イケメン〟ぶりが脚光を浴びた。火付け役となったのは、愛知県名古屋市にある東山動植物園で飼育されているシャバーニという名のオスゴリラである。ＳＮＳにアップされたシャバーニの写真が「男前だ」「格好いい！」と話題になると、一気に拡散され、女性ファンが東山動植物園に殺到する事態になった。

私もテレビやネットニュースでシャバーニを見たことがあるが、渋いイケメンぶりに驚いた。今風のイケメンというより、昭和の映画スターのような彫りの深い顔立ちに、優しい眼差し、加えて筋骨隆々のたくましい体つきにクールな佇まいとくれば、それは人気が出て当たり前だ。

ゴリラは、霊長目ヒト科ゴリラ属に分類される。分類名のゴリラは、ギリシャ語の

「毛深い部族」という意味のgorillaiに由来する。人間のゲノム（生物が正常な生命活動を営むために必要な最小限の遺伝子群を含む染色体の一組）の塩基配列と類似性が高いといわれるチンパンジーであるが、人類の祖先とチンパンジーの祖先は、約1000万年前にゴリラと同じ共通祖先をもっていたことが知られている。そのため、人類の遺伝子の15％はチンパンジーよりもゴリラに近いという研究成果も報告されている。

そんなゴリラは、アフリカ大陸に生息し、西部個体群と東部個体群に大別され、それぞれニシゴリラ（ニシローランドゴリラ、クロスリバーゴリラの2亜種）と、ヒガシゴリラ（マウンテンゴリラ、ヒガシローランドゴリラの2亜種）に分類される。日本の動物園にいるゴリラのほとんどはニシローランドゴリラのようだ。

主に低地の熱帯雨林に生息するが、マウンテンゴリラのように高地を拠点とする種もいる。

ゴリラは概して、オスがメスよりも体サイズの大きい性的二型を示す。オスの体長は約180センチメートル前後でメスは160センチメートル前後、体重に至ってはオスは180キログラムにまでなるのに対し、メスは100キログラム前後であり、オスはメスの2倍になる種もいる。

社会構造は、亜種や地域によって異なるものの、単独のオス、または1頭のオスと複数頭のメスがハーレムを形成するのが一般的で、ハーレム内でオスが生まれると、一時的に複数の雌雄で生活を共にするが、成長した若いオスが群れのメスと交尾しようとすると、ボス（シルバーバック）から群れを追い出される。

オスゴリラは、身体の大きさだけでなく、生後13年ごろから背中の体毛が銀白色となり、これは「シルバーバック」と呼ばれる。成熟したオスの象徴として茶色から黒色の体毛の中でひときわ目立つ背中となり、生後18年ごろには後頭部が突出する性的二型も現れ、求愛アピールに使われる。

ゴリラの求愛行動はさまざまで、シルバーバックや後頭部の張り出しを見せつけ、「男は黙って背中で語れ」タイプ以外にも、ドラミング（胸をたたく）、鳴き声を発する、自分の糞を投げるなども知られている。ゴリラの場合、メスからも求愛アピールすることが知られており、オスに近づいて顔を覗いたり、身体を寄せたりして意中のオスにアピールする。

シルバーバックは、ゴリラの求愛アピールや、オスの象徴を語るうえで欠かせないものであるとともに、別のアピールもある。より大きく立派なオスの背中は、子どもたちの遊び場にもなるという。ゴリラの育児は、生後1年までは母親が一人で担うが、

ゴリラのシルバーバック

それを過ぎると、群れの中の別のメスと共に、オスも積極的に育児やしつけに参加するようになる。

そのため、立派なシルバーバックをもつオスは、イケメンでもあり、イクメンにもなる。さらに、シルバーバックは、群れの統制をとるために、仲間同士のいざこざの仲裁に入ったり、他の群れから仲間を守るために戦ったりと、理想のリーダー的存在に成長する。

シルバーバックと呼ばれるように、オスゴリラの体毛が成熟にともない白くなる現象は、他の動物でも見られる。たとえば高齢のイヌやラッコなど、雌雄関係なく顔の毛が一面白くなり、一目で老齢個体だとわかるようになる。人間でも髪の毛が加齢とともに白くなり、いわゆるロマンスグレーとなる。人間の白髪はメラニン色素が失われることで生じるが、なぜメラニン色素が失われるのか、根本的な原因はいまだにわかっていない。

これに対してゴリラのシルバーバックは、性的に成熟したオスの背中だけが銀白色になるため、おそらく男性ホルモン（テストステロンなど）が関与していると考えられる。オスゴリラが二次的性徴に達し、男性ホルモンが分泌されると、背中の体毛からメラニン色素が失われて見事な銀白色になる。

「なぜ背中だけなのか？」というと、おそらく最も面積の大きい目立つ部位だからだと推測される。森林や草原で目立つためには、身体の広い部分や高い所を目立たせることが一番効率的である。広い背中が銀白色になっていれば、身体の大きさも誇示でき、オスとしての威厳もアピールできる。実に理に叶っている。

頭頂部の隆起でもアピール

オスゴリラの頭骨のうち、後頭骨が性成熟すると突出する。これは、頭骨自体が格段に大きくなり、後頭部から頭頂部にかけて走る骨性隆起（骨格が盛り上がった構造）

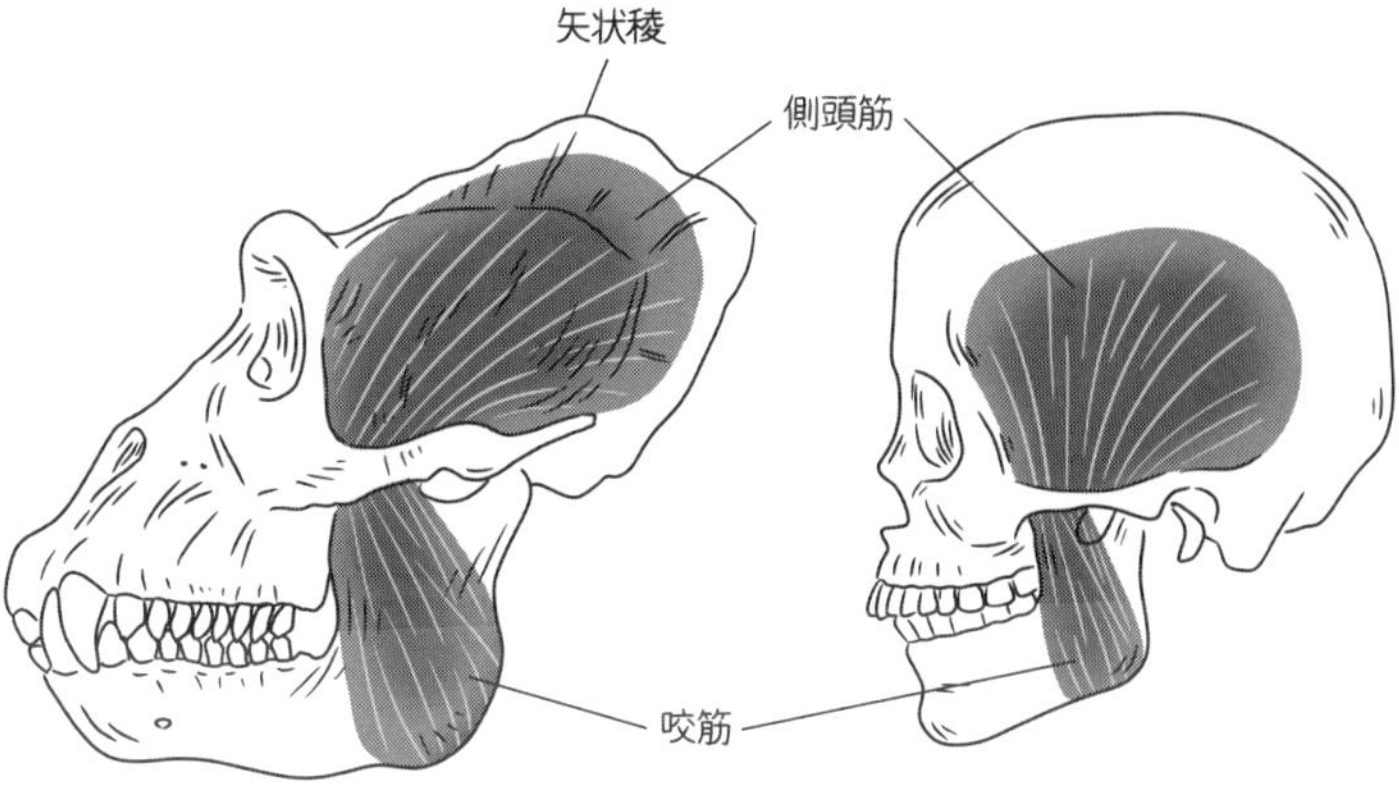

ゴリラ（左）とヒト（右）の頭骨と咀嚼筋

の「矢状稜《しじょうりょう》」が形成されることによる。この特徴的な頭骨をゴリラスカルともいう。

　矢状稜は、エサを咀嚼するときに使う左右の側頭筋が接する部分に相当する。一般に哺乳類の側頭筋は、側頭骨から頭頂骨の下部辺りまで付着しているが、ゴリラのように成長とともに咀嚼力が強大になる哺乳類は、側頭筋がどんどん発達して、筋肉が付着する範囲を頭頂部にまで拡大させる。

　側頭筋の付着を盤石なものにするため、左右の頭骨のつなぎ目（矢状縫合）に沿って、後頭部から頭頂部にかけて「矢状稜」という骨性隆起が形成されるのである。

つまり、矢状稜の立派なオスは、エサや敵などを「嚙む」力が強いということである。ゴリラの頭骨をオスとメスとで比較してみると、オスの矢状稜と側頭筋が際立って発達し、咀嚼能力は想像を絶する力になる。嚙む力はヒトの10倍、20倍ともいわれている。

じつは、私は側頭筋を含む咀嚼筋が好きである。そこに確固たる理由はないのだが、ただただ好きなのである。強いていえば、頭骨に付着している筋肉の形が実に美しく、咀嚼するために一生懸命に活躍している様子がその筋腹《きんふく》（筋肉の佇まいや走行）から見て取れ、アシカやアザラシの側頭筋をなでたり、その弾力を確かめたりしてしまう。

他方、私の専門の一つであるクジラ類は、エサを吸い込んで食べるよう進化したため、エサを咀嚼することをやめてしまった。そのため、種やエサによる咀嚼筋の違いは、陸棲哺乳類とは違う見方をしなければならないのである。

ゴリラに関しては、咀嚼筋を詳細に解剖したことはないのだが、美しく立派な筋肉の走行は、頭骨を見ただけで容易に想像できるほど、実に立派な頭骨をオスは有している。

ゴリラのドラミングのひみつ

オスゴリラが、自身の胸を叩く「ドラミング」という行動がある。1933年、『キングコング』という映画で紹介されると、一躍、世界中のヒトがゴリラのこの奇妙な行動を知ることになった。しかし、なぜ、オスのゴリラが自身の胸を叩くのかについては、さまざまな推測はあったものの、確かな解釈は長年定着してこなかった。

しかし、2021年頃、ドイツの研究チームによるマウンテンゴリラでの研究成果から、身体の大きなゴリラほど咽頭（のど）周辺にある気嚢が大きく、より低い周波数の音を、より遠くまで響かせることが可能であることが明らかとなった。そして、その音を聞いた他のオスに、競争相手の戦闘能力を見積もらせ、無駄な闘争を避けるよう促す役割もしているという。

シルバーバックをボスとしたゴリラの社会では、基本的にむやみな闘争はしないという。同じ霊長類である人間は、ゴリラからいろいろなことをもっと学べる気がするのは私だけだろうか。

強いオランウータンは顔がでかい

現れたり消えたりするフランジ

ボルネオ（カリマンタン）島にあるオランウータンの保護施設を訪れたとき、衝撃的な場面を目撃した。体の大きなオランウータンのオスが1頭のメスに近づき、交尾を迫るような動きをした。

すると、メスは叫び声をあげて逃げ出そうとしたが、そのオスに腕をつかまれ、そのまま引きずられるように森の奥へ連れていかれた。森じゅうに響き渡るほど大きな鳴き声を上げながら抵抗していたメスの姿が忘れられない。

「あれではレイプも同然だなあ」

そんなふうに感じたことを覚えている。メスの体は、オスの半分ほどしかないため、交尾の相手として一度目をつけられたら拒むことが困難なのは一目瞭然であった。

この話をすると、「どうにかして回避する方法はないの？」と質問されることがある。もちろん、人間であればすぐさま警察を呼ぶ場面だ。しかし、オランウータンの世界では、それは決して問題行動ではなく、理由があった。

オランウータンは、インドネシアとマレーシアにまたがるボルネオ島とインドネシアのスマトラ島にのみ生息する霊長目ヒト科オランウータン属の大型霊長類である。オランウータンという名前は、マレー語で〝森の人〟を意味する「orang（ヒト）hutan（森）」に由来する。

野生下では、ボルネオ島に生息しているボルネオオランウータンと、スマトラ島に生息しているスマトラオランウータン、そして2017年に新種に分類されたスマトラ島のタパヌリオランウータンの3種が存在する。種によって生態は異なるが、樹の上で生活し、果実を主食とする雑食性であるところは共通しているようだ。

樹上生活に適応するため、オランウータンは後ろ足より前足を発達させ、前足の長さは、後ろ足の長さの1・5～2倍にもなる。さらに、樹の枝をしっかりつかむために、親指は小さく、ヒトと同じように他の指から離れてついているため、親指以外の4つの長い指をフックのように曲げて樹をしっかりとつかみながら、樹から樹へと移動できるようになった。

後ろ足は股関節が柔らかく、足をいろいろな方向に向けることができ、前足と同じように親指が他の指と離れているため、木の枝やものをつかむことができるのも特徴だ。

そうしたオランウータンの特技を生かし、最近の動物園では高いところにロープを張り、空中散歩をする姿が見られるところもある。子どもたちにも大人気だが、そんなオランウータンのオスが、乱暴な求愛をするとなれば複雑な気持ちになる。オスの名誉のためにも、もう少しその生態を深く掘り下げてみる。

オランウータンのオスは、親元を離れた12歳前後から性的に一気に成熟（二次性徴）し、男性ホルモン（テストステロン）の分泌が急激に高まり見た目も変化する。それと同時に、社会的な優劣に左右され、強いオスの顔には「フランジ（Flange＝でっぱった）」というものが発達する。

フランジは顔の両脇の頬に大きなヒダ状の皮膚が張り出したもので、別名「頬ダコ（Cheek-Pad）」とも呼ばれ、他のオスを威嚇したり、メスへのアピールに活用される。ライオンのたてがみのように、視覚的に自分をより大きく、より強く見せる意味合いがある。

また、フランジのあるオス（以下、フランジ・オス）は、フランジを発達させると同時に、大きなのど袋を発達させて特有の叫び声（long call、ロングコール）を発する

オランウータンのフランジ

ようになる。このロングコールは、およそ1キロメートル先まで響き渡り、周辺のオスを威嚇するとともに、発情したメスを呼び寄せる効果がある。

フランジ・オスがその地域で優位に立っている間は、他のオスはフランジの発現を抑制する。生フランジのないオスも存在し、これをアンフランジ・オスという。しかし、フランジ・オスも、いつまでも左うちわでフランジをもち続けられるわけではない。

そこはやはり弱肉強食の野生の世界であり、フランジ・オスが群れを留守にしたり、死亡した場合、ナンバー2のオスは男性ホルモンや成長ホルモンを急速に分泌し、あっという間にフランジを形成して新たなフランジ・オスとなる。また、20年以上アンフランジだったオスでも、フランジ・オスと戦って勝利すると、新たにトップに君臨し、フランジが形成される。

じつはこのアンフランジ・オスこそが、メスに無理やり交尾を迫る場合がある。メスとしては、より強い子孫を残したいため、アンフランジ・オスとの交尾を徹底的に拒む場合が多い。つまり、私がボルネオ島で見た一幕は、アンフランジ・オスによるメスへの求愛行動であった。

本来、アンフランジ・オスのこうした行動を、フランジ・オスが見逃すはずはないのだが、このとき当のフランジ・オスは保護センターの職員さんが用意した大量のフルーツを両手に抱え、エサ場で一人楽しんでいた。腹が減っては戦はできぬ、なのであろう。

オランウータンのメスが、オスとの交尾になかなか応じないもう一つの理由としては、オランウータンのメスが6～9年に一度しか発情せず、その発情時期も月2～3日しかないことが挙げられる。オランウータンは少ない子どもを大事に育てる習性があり、子どもは3歳くらいで離乳するものの、6～7歳まで母子が一緒に過ごすことが珍しくない。

子育て中のメスが発情しないことは、これまで多くのところで紹介した。ライオンなどは子どもを殺して強引にメスを発情させるが、オランウータンにはそうした〝子殺し〟の習性はないものの、子育て中の発情していないメスにも交尾を迫ることから、メスはオスとの交尾を嫌がるのであろう。

オランウータンのメスにとっては、「自分のタイミング」で交尾したいのかもしれないが、実際に、出産後3年くらいで次の子を妊娠する場合もある。

また、アンフランジ・オスの名誉のために追記すると、アンフランジ・オスと積極的に交尾するメスの存在も確認されている。最近の遺伝子研究のデータでは、オランウータンのメスは、フランジとアンフランジのオスの子どもを同率で出産していると も報告されている。

バビルサの歯は伸び続ける

求愛か、命のリスクか

強くたくましいオスであることをメスにアピールするために、歯を発達させて大きく鋭い「牙」状にした動物は、陸上にもいる。哺乳類の場合、牙になる歯は犬歯または切歯（門歯）である場合が多い。ゾウの牙も上顎の切歯が大きく発達したもので、「象牙（Ivory）」という名称はあまりにも有名である。

そうした中、イノシシ科のバビルサのオスは、ちょっと頑張り過ぎて、牙がおかしなことになっている。イノシシ科のバビルサ属3種は、インドネシアの島々にそれぞれ固有の種が生息している。体長は1メートル前後で、体毛は少なく、体重は大きいものでは100キログラムを超えるが、最大の特徴は「4本の牙」であろう。

オスの牙だけが長く伸び続けることから、メスへの求愛アピールや強さの象徴と考えられ、より大きくて立派な牙をもつオスほどメスと交尾する機会が多い。

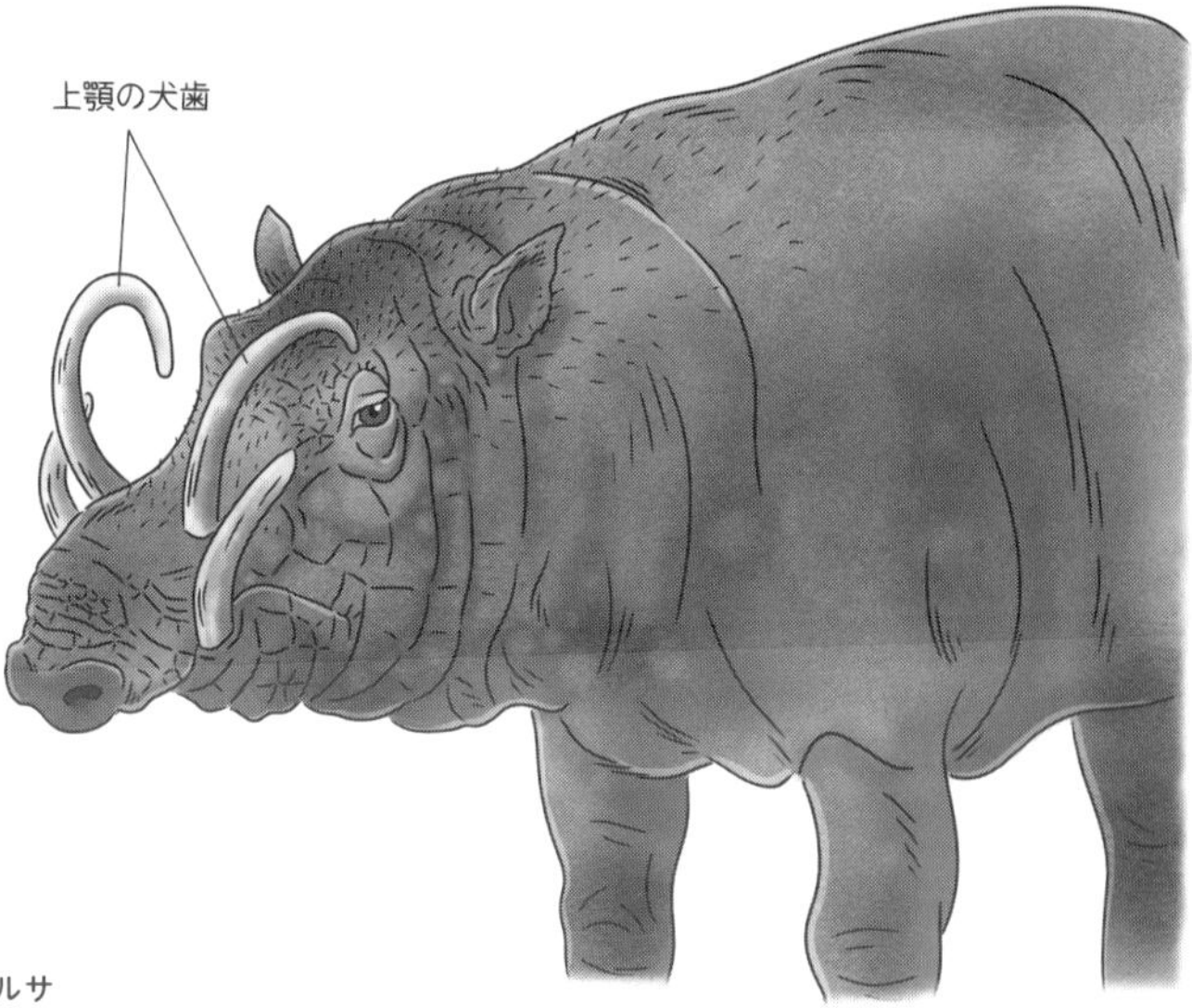

バビルサ

バビルサの牙は、上下顎の犬歯がそれぞれ伸びたものである。下顎の犬歯は口の脇から外側に発達するので、他のイノシシ類と同じである。一方、上顎の犬歯は顔の皮膚を貫き破り、鼻のてっぺんから突き出すように伸びる。ふつう、上顎の犬歯は下方向へ伸びるのが一般的だが、どういうわけかバビルサの上顎犬歯は上方向に伸び、挙げ句の果てに皮膚を貫通し、一生伸び続けるという。

さらに大きな問題として、4本の上下顎の犬歯（牙）は内側に湾曲して伸びる傾向がある。そのため、曲がる角度によって、その先端が自分の頭部に突き刺さり、最悪、頭の骨を貫通して脳を直撃し、死亡する個体もいるようだ。なんとも不器用極まりないというか、限度を知らないというか、種としての学習能力を疑ってしまう。

本来、「歯」は消化器官の一つで、エサを獲ったり、咀嚼したりして、体内への吸収を促す役割を担っている。しかし、バビルサの犬歯（牙）は、もはや消化器官ではなく、求愛戦略としての役割に徹したようだ。そこまで頑張って伸ばした4本の牙は、意外にもろくて折れやすいようなので、そこも切ない。

そもそも「歯」は、歯肉から萌出する部分の歯冠表面を、強固な「エナメル質」で被うことで硬さを保っている。硬度を表す単位として「モース硬度」というものがあるが、ダイヤモンドの硬度を10としたとき、エナメル質は6〜7の値で表される。つまり、かなりの硬さであることが、数字からも想像できる。

他方、歯の本体を成す「象牙質」は、エナメル質より軟らかく、モース硬度は5〜6で、すり減りやすい。そのため、歯冠部のエナメル質が失われると、象牙質がどんどん露出して歯自体がもろくなる。

加えて、エナメル質とは異なり、象牙質は成長とともにより増加し、エナメル質が咬耗《こうもう》したところに、新しくつくられることがある。つまり、バビルサの4本の牙は生涯伸び続けることで、エナメル質よりも象牙質のほうが優位な構造となり、大きさの

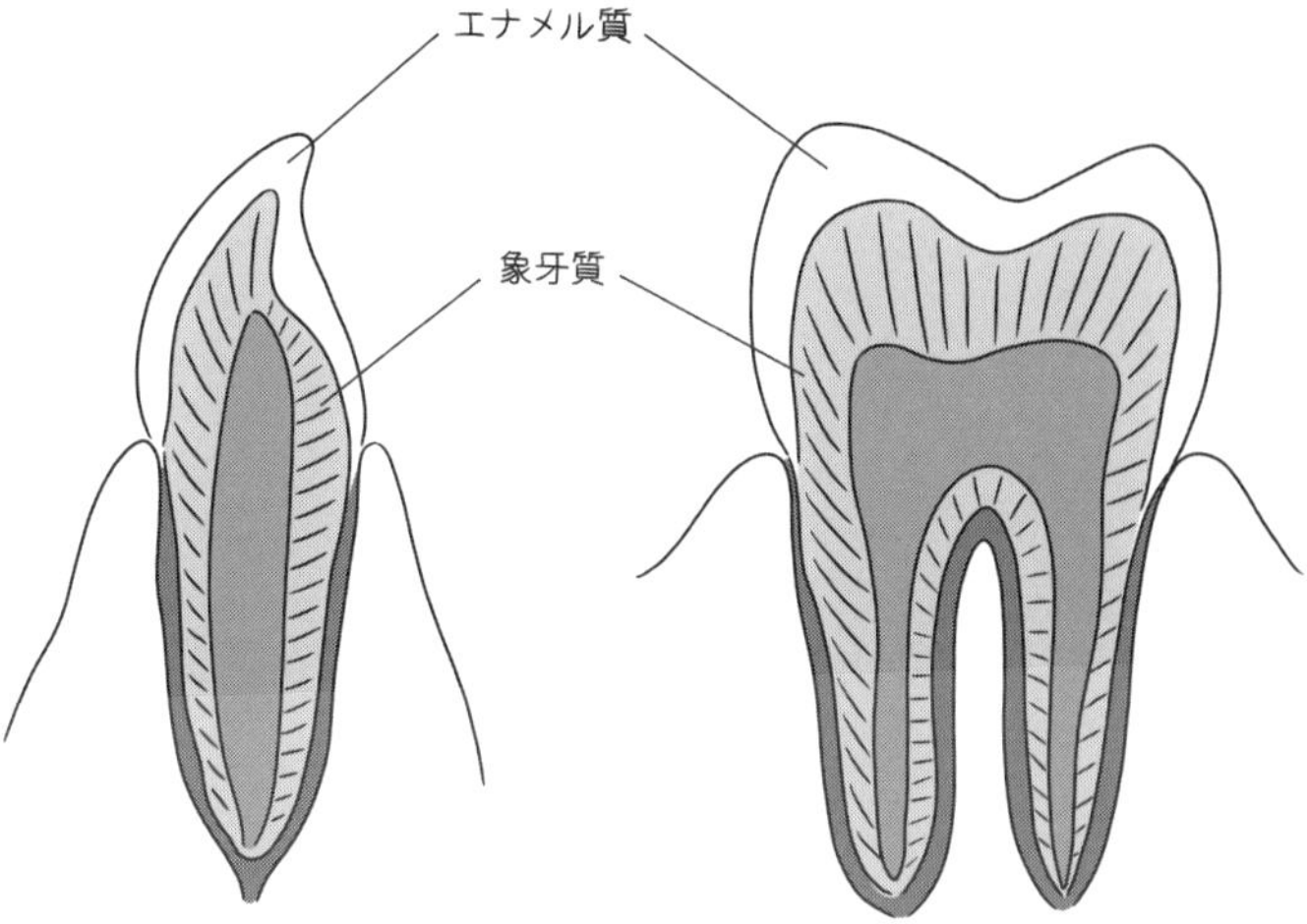

犬歯（左）と大臼歯（右）の構造

わりには、もろく折れやすい歯になってしまう。

上顎の牙が下向きに伸び続ける場合、いずれ地面に接触してしまい歩行の邪魔になるため、伸び続けるには限界がある。そのため、上向きに伸ばせば理論上、いかようにも大きくできる。

伸長方向を転換したところまでのロジックは成功したが、その代わりとして自分で自分を殺すリスクが生じ、大きさのわりにはもろいという構造的な欠陥もできることは計算外だったのだろうか。ともあれ、命がけの求愛アピールには敬服する。

大きく立派な角と求愛の代償

オスのシカたちを襲う悲劇

求愛戦略として、身体の一部をディスプレイとして活用するのは牙だけなく、「角」も効果的である。角の生えた哺乳類といえば、シカ科動物とウシ科動物であろう。

両者ともじつはクジラと祖先を同じくする鯨偶蹄目の哺乳類で、シカ科動物は世界に30種以上が存在する。日本国内にはニホンジカが分布しており、生息地域によってエゾジカ、ホンシュウジカ、キュウシュウジカ、マゲシカ、ヤクシカ、ツシマジカ、ケラマジカの7亜種に分類され、北海道から琉球列島に至る全国に生息している。

基本的に数頭から数十頭の群れで生活し、繁殖期になると、闘いで勝ち上がったオスがより多くのメスと交尾する権利を得るのは、他の動物と同じである。このとき、シカ科動物がオスの強さのシンボルとしてディスプレイするのが「角」である。つまり、性的アピールをしてハーレムを形成するために、オスシカはより大きな角を成長

角が絡まったシカの標本

させる。

以前、オランダの博物館を調査訪問した折、角が絡まったままの2頭のオスシカ（若い個体のように記憶している）の骨格標本が、管理棟の天井から吊るされていた。博物館職員によると、おそらく繁殖期に闘っている最中、互いの角が絡まって身動きがとれなくなり、そのまま死んでしまったのだろうということだった。

オランダの冬は厳しく、一帯が雪に被われるが、春先に土から露出していたものを掘り起こしてみたら、何とも珍しい状態だったので管理棟で展示することにしたとのことだった。角が絡まったままの標本を見るのは、私は初めてであった。

じつはシカ科動物の角は、季節が変わると根元から抜け落ちてしまうため、暖かい地域であれば、絡まった角と身体は離れてしまったはずである。しかし、厳冬の地であったことで偶然にも、角が抜け落ちる前に天然に凍結保存されたのだろう。まだ寒い春先に、形が壊れる前の状態で発見されたことは奇跡に近いのかもしれない。

しかし正直なところ、このときの私は標本を目にした感動よりも、「この標本をつくるのは、さぞや大変だっただろうなあ」と、標本作製のほうに思いを馳せていた。もはや職業病だ。ワーカホリック（仕事中毒）とでもいおうか。

ともかく、繁殖期のシカ科動物は、角を突き合わせて闘うほか、互いの角の大きさや枝の数を比較して、闘う前に勝負がつく場合もある。角の枝分かれは、年齢を重ねるほど増え、角自体も大きくなる。

シカ科とウシ科は角で見分ける

じつは構造的に見ると、同じ「角」でもシカ科動物とウシ科動物ではまったく異なる。英語ではその違いを踏まえて、シカ科動物の角を「アントラー（Antler）」、ウシ科動物の角を「ホーン（Horn）」として分けている。和名は一般的には「角」一択だ

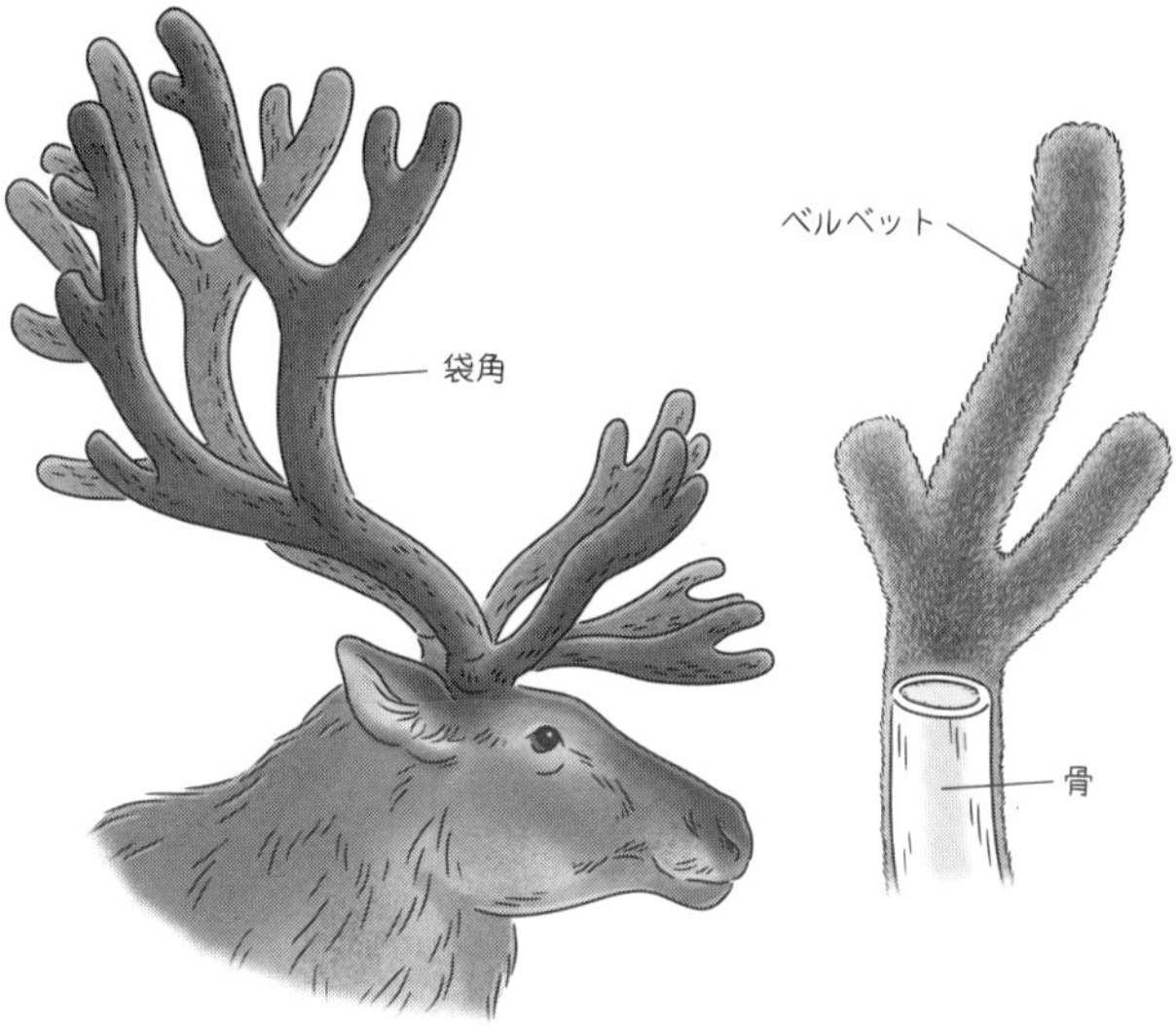

シカ科動物の角（枝角）の構造

が、専門的にはシカ科動物の角を「枝角《えだづの》」、ウシ科動物の角を「洞角《ほらづの》」と分けて呼ぶ。

シカ科動物の枝角は、頭蓋骨の頭頂部が成長して角座骨になることで形成される。角が成長する間、「ベルベット」と呼ばれる血管の豊富な皮膚に覆われて、骨に酸素と栄養素を供給し、急速に成長する。このときの状態を「袋角」という。枝角がフルサイズに達すると、ベルベットは脱落し、骨細胞も死活し、成熟した枝角が完成する。

そして、繁殖期が過ぎると根元から脱落し、角なし状態となる。枝角の成長と脱落は毎年繰り返されるが、それには日照時間の長さと性ホルモンが大きく関与する。さらに、そのサイズは、多くの種で年齢とともに大きくなり、最大サイズに達するまでは数年にわたって毎年枝数が増加する。

シカ科動物の枝角は、進化生物学を考察する際の重要事項の一つでもある。進化とは、ざっくり説明をするならば、ある生物個体群の性質や遺伝子などが、世代を経るにつれて突然変異によって変化する現象である。変化を促す要因はいくつかあるが、その代表が「自然選択説（自然淘汰説）」であり、厳しい自然環境の中、その環境に適応したものの子孫が自然選択によって残された結果であるという考えである。

これとは別のメカニズムで論じられることが多いのが「性選択（性淘汰）」で、異性をめぐる競争において起こる進化のことを指す。しかし実際は、自然選択とまったく独立して論ずることはできないため、自然選択に含まれることが多い。シカ科動物の枝角の進化の主な要因は性選択（性淘汰）であり、オス同士の競争とメスによる配偶者選択の2つの要因が大きく関係する。

シカ科動物の枝角には別の理由もあり、たとえば大きな枝角をもっている個体は、外敵に襲われにくいという研究結果もある。サンタクロースと共にクリスマス時期に大活躍するトナカイでは、雌雄どちらにも枝角が生える。これは、雪の下に埋もれた

ウシ科動物の角（洞角）の構造

植物を探す際に役立つことから、雌雄共に枝角を進化させたという説もある。

　さらに、北米や欧州の寒い地域に生息する世界最大のシカ・ヘラジカは、パラボラ状の枝角を利用して、メスの鳴き声や周囲の音を集音しているといわれている。

　一方、ウシ科動物の角（洞角）は、前頭骨周辺から伸びた「角芯（骨の芯）」を、ケラチン化した皮膚で構成された「角鞘《かくしょう》」がすっぽりと覆っているのが特徴である。角芯の骨は、シカ科の枝角と違って、フルサイズになっても生きた骨細胞で構成され、角鞘と共に生え替わることはなく、枝分かれすることもない。

角鞘の中身が空洞なことから「洞角」と呼称されるようになった。さらに、洞角は雌雄共に生えるため、こちらは求愛ディスプレイのためではなさそうだが、それでもオスの洞角のほうが大きい傾向はある。ウシ科動物では、洞角は生後すぐに成長し、一生を通じて成長し続ける。

今後、角をもつ動物を見かけたら、種がわからないとしても、角が枝分かれしているか、はたまた真っ直ぐかどうかで、シカ科動物かウシ科動物かの区別をしてみていただきたい。

私が所属する国立科学博物館の収蔵庫にも多くのシカ科動物とウシ科動物の剥製が収蔵されている。一目ではシカ科かウシ科か、種がわからない剥製も多々あるのだが、角を見れば両者はすぐ見分けがつく。

キバノロの牙、プロングホーンの角

シカ科動物の中でも、森林で暮らすシカ類は、頭の上に大きな角があると生活するうえでも、オス同士で闘ううえでも、周囲の樹木が邪魔になる。そもそも周囲を見渡せない森林では、大きな角をもっていてもメスにアピールすることができないので、

キバノロ（左）とプロングホーン（右）

宝の持ち腐れにもなる。

そこで、森林で暮らすシカ科動物の一部は、進化の過程で角を大きくする代わりに、牙を生やすことにした。マメジカ、キョン、キバノロのオスは、上顎の犬歯を発達させて牙状にし、これを求愛戦略や縄ばり争いに利用している。

一方、北米などに生息するプロングホーンという種がいる。偶蹄目プロングホーン科プロングホーン属で、現生種ではこの1種のみである。

プロングホーンのオスも立派な角をもつ。メスには角はないか、あっても小さい。オスの角は、シカ科動物のように枝分かれし、年に1回生え変わるが、骨質の角ではない。ウシ科動物と同様に、骨芯と呼ばれる頭骨が成長した骨部分をもち、これが角質の鞘で覆われ、この角質部だけが生え変わる。英名のPronghornは「枝角」の意を示す。

キリンの角、サイの角

他にも「角」をもつ動物は多くいる。たとえばキリンを描いた絵本やイラストを見ると、たいてい頭の上に可愛い角が2本描かれている。雌雄共に頭頂骨に1対の角をもっており、その角は「オシコーン」と呼ばれる。オシコーンとは、頭蓋骨から成長する骨芯が毛皮で覆われたものであり、生え替わることはなく、シカ科の枝角やウシ科の洞角と異なる構造をもつため別名が付けられている。

また、キリンのオスは、成長すると前頭骨中央にさらにもう1本のオシコーンを有するようになり、後頭骨や目の上にも生じることがある。繁殖期のオス同士は、オシコーンの成長により、ハンマーのように重く頑丈になった頭を使い、首をしならせて相手の首や胴体にぶつけるネッキングという闘いをし、場合によっては相手に致命的な打撃を与えるほどの衝撃となる。

ネッキングは、あの優しいキリンの容姿からは想像できないほど激しいものである。

キリン（左）とサイ（右）の角

一方、サイは奇蹄目に分類され、四肢の蹄《ひづめ》が3つの哺乳類である。基本的にサイの角は鼻の上に1本だが、おでこ辺りにもう1本生えることもある。サイの角は、皮膚がケラチン化したもので構成されており、見た目ほど頑丈ではない。角の基部にあたる部分は頭蓋骨と癒合し（くっつき）、一体化する。何らかの原因で角がなくなっても、サイの角は再び生えてくる。

サイの場合、メスも角をもつが、オスのほうが大きい傾向にあることから、求愛戦略に角を役立てていると考えられる。

鼻が大きいほどモテるテングザル

テングザルの鼻と睾丸サイズの関係

テングザルはオナガザルの仲間で、その名が示すとおり〝天狗〟のような長い鼻をもち、テングザル属テングザルに分類される。学名のラテン語も、*Nasalis*（鼻）属、*larvatus*（仮面をつけた）で、「鼻仮面をつけたような顔」と命名されるほど、その珍妙な容姿は印象深かったのだろう。メスの鼻もそれなりに長くなるが、オスの鼻はメスの鼻の2倍以上の長さになる。

鼻の長い哺乳類としてはゾウが知られているが、テングザルの鼻は、ゾウの鼻とは構造的に異なる。ゾウは鼻の先端に鼻の穴があるのに対し、テングザルの鼻の穴は、通常のサルと同じ位置にあり、鼻梁《びりょう》（鼻背《びはい》）の皮膚だけがにゅーんと伸びて袋状になり天狗のような鼻に見える。

正直なところ、人間界では〝イケメン〟とは言い難い風貌であるが、京都大学の研

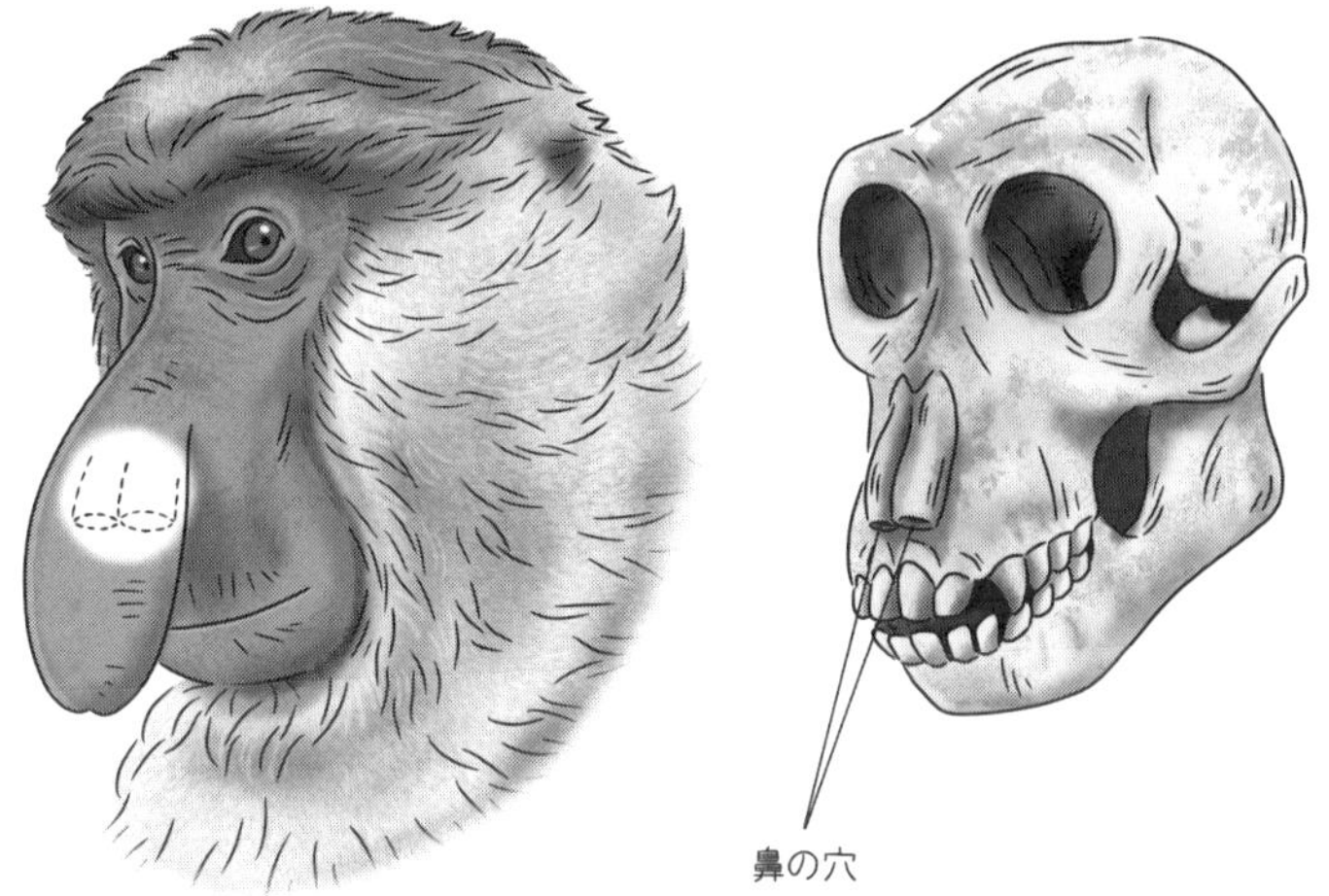

テングザルの鼻の構造

究では、テングザルのオスの鼻の大きさと体重、そして睾丸の大きさには「正の相関関係」があると報告されている。つまり、鼻の大きいオスほど、睾丸も大きく、繁殖能力が高い。

メスもそれをよくわかっているのか、より鼻の大きいオスを選択する。テングザルは一夫多妻で小さな群れ（ハーレム）を形成して暮らしているが、鼻の大きいオスが率いる群れほど、メスの数が多いことも確認されている。長い鼻を使って発する低い声も、メスを惹きつける大きな要素になっているという。

テングザルのオスの鼻の大きさと、

それに由来する低い声は、オス同士で威嚇し合うシグナルとしても働き、オス同士の余計な争いを回避するうえでも役立っている。

現在、テングザルは絶滅危惧種に指定され、東南アジアの一部地域のみに生息している。そうした希少なテングザルに、私はボルネオ島で国際学会に参加した際、出会うことができた。じつは、このときの主目的はテングザルではなく、沿岸域にいるこちらも絶滅危惧種に指定されているカワゴンドウの生態観察をするためであり、ガイド付きの観光船に乗ってひとまず出かけたのである。

カワゴンドウは、ちょっと大きめのスナメリ（体長150センチメートル程度の小さなクジラ）に背ビレをつけ足したような外見をしており、その名が示すとおり、河川や沿岸域、汽水域に生息するハクジラの仲間である。残念ながらカワゴンドウを目にすることは叶わなかったのだが、その代わりに沿岸のマングローブ林を見たり、そこに生息する野生のテングザルに出会うことができた。

ツアーガイドの話では、テングザルは沿岸近くの湿地帯を好み、ほとんどの時間を樹上で生活しているとのこと。人間が陸地から少しでも彼らの生活圏に入っていこうとすると、襲いかかったり、逃げてしまうそうだが、海から観察する分には一定の距離が保てるためなのか、人間の姿を見てもとくに警戒することなくリラックスした姿を見ることができるそうだ。

実際に私が見たときも、樹の上でくつろぎながら毛づくろいする親子や、樹と樹の間をぴょんぴょん飛び回る若い個体を見ることができた。中には立派な鼻をもつボスらしきオスも見ることができたのだが、そのオスは始終緊張した面持ちで周りに目を配っていた。おそらく、いつ襲いかかってくるかもしれない他の群れのオスを警戒していたのだろう。

貴重な体験に感激したのも束の間、そのあと突如身に降りかかった災難により、テングザルの記憶、はたまたカワゴンドウに出会えなかった気持ちは一瞬にして吹っ飛んでしまうのである。

じつは、最初に観光船を目にしたときから、ちょっとした不吉な胸のざわめきがあった。仕事柄、未開地での調査経験も多く、決してクオリティの高い観光船を求めていたわけではない。しかし、そのときの船はさすがに「ええっ?」と思うほどのつくりであった。

カヌーのような細長い船体に、一番前の船頭さんに続き、私たち観光客5~6名が1列に座るという簡素な構造。誰かが立ち上がったり横波が来たら、あっという間に転覆しても不思議ではないような不安定さ、はたまた船体の塗料も所々はげかかっているではないか。輪をかけて、川の中にはワニもいるなどとガイドは当たり前のようにいう。

それでも、日本周辺には生息していない野生のカワゴンドウに会うため、イヤな予感を抱きつつ全行程3時間の船旅はスタートしたのだった。ところが、船頭さんは当初からカワゴンドウのいる場所へ向かう気配はなく、最も簡単に到着できるテングザルのいる場所へ直行。

最初に抱いていた少しの不安が現実となったものの、野生のテングザルに出会えたことで「まあ、よしとするか」などと思っていたところ、雲行きが一気にあやしくなり、ガイドさんが急に「リターン！　リターン！（帰ろう、帰ろう）」と大声で叫びだした。

「え？　え？」と思っているうちに、バケツをひっくり返したようなスコールが来た。ここで新たに気づいたのだが、その船には雨風をしのげる屋根や囲いらしきものは一切なく、雨具の用意もない。

そうでなくても転覆しそうな船の中で、自分自身がずぶ濡れになることよりも、ノートパソコンやデジタルカメラをとにかく守ることに必死になり、各自で衣類の中に深く抱え込む。まるで我が子を守る母親の心境である。

船の中にはどんどん水が溜まり、衣類はびしょ濡れで下着もスケスケ状態の私たちを、川辺の樹上で親子のテングザルが悠然と見ている姿をかすかに目の端にとらえつつ、船は全速力で港へ向かい、無事に帰港した。

おそらく、テングザルにとっては、あれしきのスコールは日常茶飯事であり、むしろ恵みの雨、癒しの雨であったろう。同時に、船上であたふたしている人間たちの滑稽なショーを楽しむ娯楽の時間だったのかもしれない。

マンドリルのアピールは派手な顔

マンドリル的〝色男〟

前出のテングザルと同じオナガザル科の仲間には、もう一種、強烈なインパクトの顔をもつサルがいる。それがアフリカの熱帯地域のジャングルに生息しているマンドリルだ。

マンドリルは、ディズニー映画『ライオン・キング』に登場する呪術師・ラフィキのモデルとしても知られているが、成熟したオスはとにかく顔がド派手である。顔の中央にまっすぐ伸びた細長い鼻筋は鮮やかな赤色を呈し、その両脇は青色の縞《しま》模様が刻まれた頰が盛り上がり、黄色いヒゲまで生えている。歌舞伎役者の隈《くま》取りのような配色は、人工的に色付けしたとしか思えないほど強烈である。

メスの顔にも、頰に淡い水色の縞模様があるのだが、オスほど派手ではなく、どちらかというと地味で、体もオスの半分ほどの大きさしかない。オスに至っても、子ど

マンドリルのメス（左）とオス（右）

もの頃はメスと同じように地味な配色の顔をしているが、性成熟に達すると顔にあのようなカラノルな色彩が現われ、マンドリル的〝色男〟になる。

実際、強いオスほど色が鮮やかだという研究報告があり、群れの中での地位も高く、結果的にめちゃくちゃモテる。他の動物同様、この派手な色彩によって、強さを誇示し、他のオスとの余計な争いを避け、メスへの求愛アピールに活用している。

マンドリルは群れで移動しながら暮らしているが、ド派手な顔は薄暗いジャングルの中で仲間同士を見失わない目印としても役立っている。

そもそも色の識別は、哺乳類の中では、人間などの大型の類人猿は3原色（赤・緑・青）、イヌなどの大部分の哺乳類は2原色（赤・青）であるが、鳥や昆虫は4原色（赤・緑・青・透明（紫外線））を見分けることが可能である。そう考えると、哺乳類は、色を識別する能力が比較的低い。

それは、恐竜たちが地上を闊歩《かっぽ》していた時代（今から2億5000万年前からの中生代時代）、哺乳類は食物連鎖の最下層に位置していたことに由来する。弱い生き物が生き残るためには、今回のテーマとまったく真逆で、とにかく目立たないことが一番である。

天敵に見つからないように体色を地味な保護色にし、昼間は穴や茂みに隠れ、日没後、闇にまぎれてエサを探す――そんな生活を1億年以上も続けた結果、哺乳類は暗闇を動き回る際に必須の嗅覚と聴覚が発達した一方で、色覚は衰えてしまったのである。

現在でも哺乳類のほとんどは赤と青の2つの色しか識別できず、目に見える色はごく一部に限られている。そうした中、恐竜絶滅後に急速な進化を遂げ、識別できる色素を3つに増やすことに成功した哺乳類が、私たち人類を含む大型類人猿である。そして、その発達した色覚を見事に求愛戦略に利用したのが、マンドリルのオスなのだ。

人間社会においても、民族的な祭りやお祝いのとき、顔料などを使って顔に奇抜な装飾を施したりする。魔除けの効果や目立つために行う場合が多い。では、マンドリルオスの顔に現れた自然な色彩は、いったいどのようにして生み出されているのか。

これを理解するには、まず皮膚の正常構造を理解しておこう。人間の皮膚と対比しながら進めてみる。

鮮やかな色彩が生まれるしくみ

人間の皮膚は大きくは「表皮」「真皮」「皮下組織」の3層で構成されている。このうち、皮膚の本体を成す真皮は、その70％をコラーゲン（線維状のタンパク質）が占めており、他にはエラスチン（弾性線維）やヒアルロン酸で構成される。真皮を構成するこれらの要素は、皮膚のハリ（弾力）を生み出す原動力である。

一方、真皮の上に位置する表皮は、さらに4層（上から角質層、顆粒層、有棘《ゆうきょく》層、基底層）に分かれていて、真皮と接する最下層の基底層でつくられた細胞が順に上層へ押し上げられ、最上部の角質層から垢として剥がれ落ちるしくみになっている。一般に、ターンオーバーと呼ばれるしくみである。

私は学生時代から病理学を専攻していたこともあり、イヌやネコを含む多くの動物の皮膚を顕微鏡で観察してきた。この基底層は皮膚を理解するうえで非常に重要な部分で、学生時代、研究室で切片を顕微鏡で観察していると、横にいる先輩から「基底層をまず確認すること。基底層がわからなければ、皮膚の構造を理解できたことにはならない」とよくいわれたものである。

基底層とは、先に紹介したように、表皮の最深部層にあり、基底層がなければ表皮は形成されず、さらには真皮との境界部になるため、この基底層が理解できると、どこからが表皮でどこからが真皮であるのかが理解できるようになるのである。

特に病理学で観察する組織切片は、皮膚の癌《がん》や皮膚に炎症を発症している検体が多く、そうした正常構造が頭に入っていなければ、癌や炎症の原因も特定できなくなる。そんな経験もあり、私は基底層が好きである。というより、基底層を顕微鏡で見つけられると「よしっ!」と思うのである。これも一種の職業病なのだろう。

話を戻そう。

人間の皮膚が日焼けをすると色が変わるのは、太陽の紫外線を浴びることにより、表皮の基底層に約8%分布するメラノサイトと呼ばれる色素細胞が活性化され、「メラニン」という黒色色素がどんどん表皮に供給されるためである。

メラニン色素をたくさんつくり出して肌を黒褐色にすることで、紫外線による皮膚のダメージをやわらげている。通常、表皮で合成されたメラニンは、表皮のターンオーバーにより、順次剝がれ落ちていく。夏に日焼けしても、日差しが弱くなる冬には、元の肌色に戻るのはこのためだ。

また、人間の皮膚の色は、遺伝的要素も関係している。最初の人類はアフリカで誕生し、皮膚の色は黒褐色をしていた。その後、アフリカを離れてさまざまな土地で生活するようになると、そこの日差しの強さに応じてメラニン色素をつくり出すサイクルを変化させ、コーカソイドやモンゴロイドといった地域差が生じた。

マンドリルの場合、鼻が赤いのは、鼻の皮下を流れる血液の色が反映されている。我々人間も、激しい運動をしたり、お酒を飲むと皮膚が赤くなるのは、真皮に分布する毛細血管の血流量が増して、血液中のヘモグロビン色素が外から透けて見えるようになるからである。マンドリルの鼻も、真皮の毛細血管が発達したため、外見から絶えず赤く見えるようになった。

しかし、マンドリルの頰の青色は、血液ではどうにもつくり出せない。これは、いわゆる「構造色」というものであり、色素は関与していない。構造色とは、物質自体に色素が無くとも、その微細な構造に光が干渉・分光することで発色して見える色のことである。たとえば、ＣＤの記録面は本来、無色だが、角度を付けて光に当てると虹色に見える。これも構造色の一つである。

同様に、マンドリルのオスの頬も本来は無色だが、皮膚組織の微細な構造に光の波長が干渉（複数の波の重なりによって新しい波形が形成されること）することで、鮮やかな青色が生み出されているのである。なんともすごい。

通常、構造色はＣＤの記録面のような〝規則正しい微細構造〟に光が干渉して新しい独特の色を生み出す。これに対してマンドリルの頬は、真皮のコラーゲン細《さい》線維の束の直径や並び方が不規則な結果、そこに光が散乱することで青色になっていると当初は推測されていた。

しかし、近年のアメリカのプラム教授らの研究グループによると、一見、不規則に見えるコラーゲン細線維の直径はかなり揃っており、線維と線維の間の距離もほぼ一定であることが判明し、ここに光が干渉することで、鮮やかな青色が生み出されることが明らかになった。

ちなみに、自然界では他に、甲虫のタマムシやコガネムシ、モルフォチョウや貝殻などでも構造色が見られる。タマムシやコガネムシの体色での現象をイリデセンス（iridescence）と呼び、日本語ではこれを「玉虫色」と訳す。

マンドリルの顔に赤（鼻筋）と青（頬）という色が選択されたのは、ほとんどの哺乳類が識別できる色が赤と青だからである。つまり、マンドリルのオスは、鮮やかな赤色を体内を巡る血液の色素から、目の覚めるような青色を皮膚組織の構造色からそれぞれつくり出すことに成功した。同種のメスだけでなく、誰にでも識別できる赤色と青色で自分を誇示できる、唯一無二のスタイルを確立させたのである。

マンドリルのオスの色に対するこだわりは顔だけではなく、お尻も青と赤でカラフルに彩られている。これもメスに対するアピールといわれている。マンドリルのほか、アフリカに生息するサバンナモンキー（ベルベットモンキー）の陰嚢や、中国に生息するキンシコウの眼や鼻、口の周囲も同じしくみで青色をしている。

ハンディキャップがモテにつながる

自身の身体を派手にして、メスに求愛アピールする生物は、じつは哺乳類よりも鳥類のほうが圧倒的に多い。それは、鳥類は色を識別する能力が哺乳類よりも優れているからだろう。

前項で紹介したように、哺乳類のほとんどは「青」と「赤」の2原色を認識できる。光の刺激が最初に目に入るのは、目の一番奥にある「網膜」という視覚細胞が集まってできた膜である。網膜には異なる波長域に感度をもつ複数種の「光受容細胞」があり、その感受性の違いをより高次の脳中枢へ伝達し、色の知覚は生まれる。

脊椎動物の網膜は層状で、光受容細胞は光刺激が入る方向から網膜の最も遠い一層にある。そこには、1種類の「桿体細胞《かんたい》」と3種類の「錐体細胞《すいたい》」の計4種類の光受容細胞がある。

人間の可視波長域は、この4種類の光受容細胞が感知できる波長域と一致する。

桿体細胞は、光に対する感度が高く、暗い場所で働く。ネコ科動物を含む夜行性動物が暗闇でも動けるのは、この細胞のお陰である。一方、3種類の錐体細胞は主に明るいところで働き、色覚の情報を脳に伝える。

この3種類の錐体細胞は、420ナノメートル（青）、534ナノメートル（緑）と564ナノメートル（赤）のそれぞれの波長に感度の極大をもち、「光の三原色」もこの青、緑、赤として定義される。

「光の三原色」は字の如く光の色調を表し、周囲を真っ暗闇にしたときの光の色調を指す。1つの錐体細胞は約100種類の色光を識別することができ、錐体細胞3つの組み合わせにより、ヒトは合計100万色を識別可能といわれている。

ちなみに、コンピューターやプリンターで使われるシアン（青緑）、マゼンダ（赤紫）、イエロー（黄）は「色の三原色」であり、こちらは白地のキャンバス上に白色光で照らした時の色材の情報となる。

網膜にある錐体細胞が感知した複数の情報が脳に伝達、処理されることで初めて、私たちは色を認識（色覚）できる。まさに、網膜様様である。

これに対して鳥類は（じつは爬《は》虫《ちゅう》類も）、この錐体細胞が4つもある。そのため、「青」「赤」「緑」に加えて「無色（紫外線、つまり光）」の4色を識別することができる。

私たち人間よりはるかに豊かな色彩を視覚でとらえることができるからか、求愛戦略にも、高度な色覚を活用する。クジャクのオスの「飾り羽」は、その最たるものであろう。

クジャクはキジ科の鳥で、アジアに分布する種とアフリカに分布する種が存在する。日本では、アジア由来のインドクジャクが移入され、動物園などで飼育されているほか、一部が野生化している。

本項では、クジャクの中でもより彩りの美しいインドクジャク（以下、クジャク）を中心に紹介する。

クジャクは一夫多妻で、オスの方が大きく、かつ繁殖期（北半球では春から夏）になると、背中から生える美しく長い羽を広げてメスにアピールし、繁殖期が終わるとこの羽は抜け落ちる。

広げている羽は尾羽と思われがちだが、尾羽は繁殖期でも茶色のままで、あの鮮やかな羽は尾羽の上の背中から生える上尾筒《じょうびとう》と呼ばれる羽である。

クジャクの鮮やかな飾り羽の色も、構造色（105ページ）による。一般的に、鳥の羽は、正羽《せいう》（フェザー）と綿羽《めんう》（ダウン）に分かれる。「正羽」は飛ぶためや身体を保護するために使われ、「綿羽」は保温のために使われる。今回の主人公、クジャクのあの鮮やかな羽は、正羽が進化したものである。

正羽の羽根は、羽の中心にある羽軸《うじく》と、そこから枝分かれして伸びている羽枝《うし》、そして羽枝から生える細かい毛のような小羽枝でできている。ちなみに、「羽」という用語はなにかの機能を含む――たとえば飛ぶための翼など――ときに使われ、羽がバラバラに一本一本になると「羽根」と表現することが多い。

羽枝が連なって板状になったものを羽弁といい、この羽弁をもつものが正羽で、大空を飛ぶために重要な「風切羽根」は正羽の代表的な羽根である。

クジャクの羽は、内部に顆粒状のメ

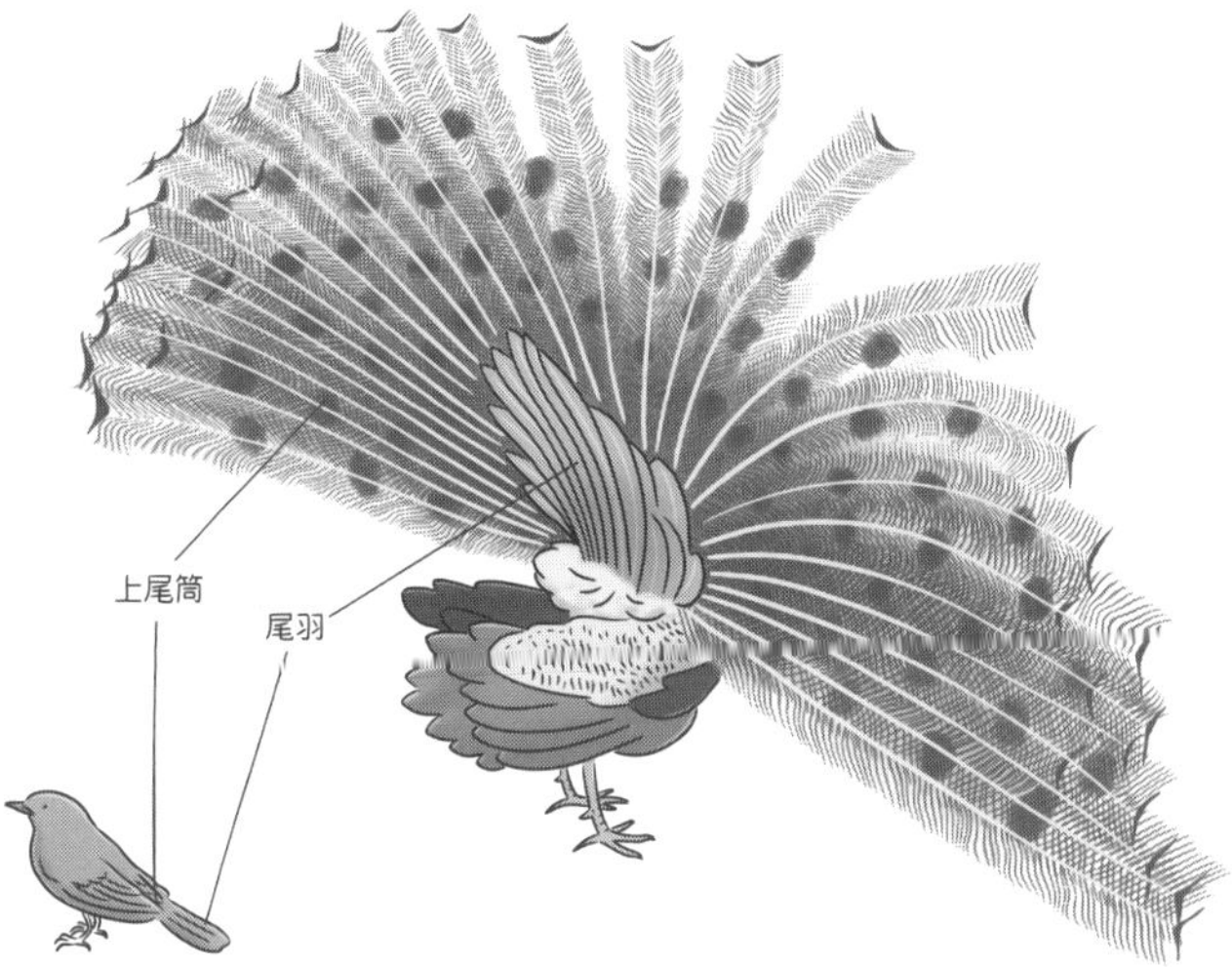

クジャクの上尾筒と尾羽

ラニン（ヒトの髪の毛の一成分でもある黒色物質）が、規則的に配列して微細構造が形成されている。

この配列に光が当たると、構造色が発現するとともに、メラニンの黒色が余分な散乱光を吸収するため、より鮮やかな発色を生む。

繁殖期にのみ生え揃うオスクジャクの飾り羽は、背中から約150枚もの細長い上尾筒で構成され、普段は後ろ向きにたたんで束ねられている。そして、その羽が1・5メートル前後まで成長すると、メスに向かって150枚の羽を一気に立ち上げ、扇状に広げてその美しさで求愛アピールをする。

広げた飾り羽には、青緑色の「目玉模様」と呼ばれる模様もあり、この目玉模様の数も、メスを惹きつける重要なポイントとなる。この目玉模様は、幾度とない進化と退化を繰り返し、今でもさまざまにその模様や数を変化させているという。

それはひとえに、メスの目玉模様に対する好みが時代とともに変化してきたからであり、このメスの好みに見合ったオスだけが生き残ってきたためである。実際、メスが特に目玉模様を好むことも証明されており、こうした性に関連した進化は性淘汰（性選択）の好例である。

オスクジャクの飾り羽は、生きるための必要性はまったく無く、広げるためには膨大なエネルギーを必要とし、外敵から狙われるリスクも高まり、この長い飾り羽があるために逃げ遅れることもある。

それでもメスの好みに合わせ、子孫を残すために、大きな大きな飾り羽や目玉模様を絶えず進化させ、維持してきた。ただただメスにモテるために、である。

じつは、こうした「メスによる選り好み」説は、19世紀に、かの有名なチャールズ・ダーウィンが提唱したが、当時、学会や世間からは否定された。雌雄の能力への偏見が強かったことと、一番の理由は、立証ができなかったためである。100年以上が経った1990年代には、メスによる選り好み説が証明されたものの、その後も多様な議論が展開された。

そうした中、性に関する進化を説く「ランナウェイ説」が登場する。イギリスの統計学者、進化生物学者、遺伝学者であるサー・ロナルド・エイルマー・フィッシャーが提唱した説だ。

オスまたはメスのある形質（身体の特徴や形）に対する異性の好みが、ある一定数集団内に広まると、その形質をもった異性しか配偶相手として選ばれなくなるプロセスが働くという考えである。

この場合、異性がどういう形質を好むのかは、生物学的意味や生存競争上の有用性とは関係しないため、獲得した形質は、装飾的要素が強く実用的でない場合が多い。生存競争等の側面からは、必ずしも良質な異性を選んでいるわけではないことになる。ランナウェイとは「どこまでも、どこまでも」という意味があり、相手の好みに合わせて延々と対応し続けていくということらしい。いまだに、さまざまな議論は続いているものの、オスクジャクの飾り羽は、このランナウェイ説の好例とされている。

そんなオスクジャクの求愛アピールに関して、新たな知見が提唱された。長年、クジャクの生態を研究されている長谷川眞理子博士らのチームである。

2010年から2013年にかけて、飼育個体約100羽のクジャク（主にマクジャクとインドクジャク）を調査し、上尾筒よりも鳴き声によるディスプレイに種差があることを報告した。

つまり、昔からの羽根を目立たせる方法は古く、「今度は鳴き声で行こう！」にシフトしたということらしい。それはインドクジャクで明瞭で、マクジャクよりも、インドクジャクのほうが最新トレンドをつかんでいるやもしれず……つまり、メスの好みがインドクジャクのほうで変化してきたのである。

繁殖期のオスクジャクの鳴き声は、「みゃぁー、みゃぁー」という甲高い叫び声で、遠くまで響き渡る。この鳴き声の頻度が高いオスほど、男性ホルモン（テストステロン）の濃度が高いという研究成果もある。

長年、愛用してきた飾り羽だが、広げるためには大きなエネルギーが必要で、移動の際も一苦労である。それに対し、遠くまで響き渡る鳴き声さえ鍛錬すればいいのであれば、オスにとっては好都合なのかもしれない。

人間でも、歌が上手い男、バリトンボイスの男性は、男性的魅力が高くなる傾向がある。科学的には、この変化が前出の「メスの選り好み」によるものなのか、オス発信なのかが重要かつ議論されるポイントであるが、メスである一個人としては、メス発信に1票入れたくなる。

3章

ヤギの交尾を見逃すな

オスの繁殖戦略

イントロ

限られたチャンスをものにせよ

交尾する際の主導権と選択権は圧倒的にメスにあり、多くの生物のオスはメスの気を惹くために飽くなき作戦を企てていることを、1章と2章で紹介してきた。

一方、メスはメスで、生存力の強い遺伝子を我が子に取り込む最適のオスを選択しようとこちらも必死である。

オスの努力がメスの思惑と一致し、やっと交尾できるチャンスを得ても、オスの試練はまだ続く。多くのオスにとって、交尾するときに最も重要なのは、自分の生殖器がメスのゴーサインと同時に、直ちに使える状態になり、交尾行動に移行できることである。

野生の環境下では、交尾できるチャンスはごく限られており、その限られたチャンスの中で、確実に繁殖行動を成功させなければならない。最大のプレッシャーがのしかかる。

さらに追い打ちをかけるように、いつ天敵が襲ってくるかもしれず、他のオスが横取りを企んでいるかもしれない。はたまた、急にメスの気持ちが変わってしまうことだってありうるのだ。

そこでオスたちは、確実に繁殖行動を成功させるために交尾の仕方、さらには生殖器の形や構造まで、さまざまな工夫を凝らして進化してきた。

魚類や一部の無脊椎動物のように、メスから放たれた卵に精子を振りかければ受精が終わるのとは違い、哺乳類の場合、受精するためにはオス自らがメスの体内に自分の生殖子（精子）を注入しなければならない。

さらに、そのためオスは生殖器と自分自身の体とをいかにうまく連携させるかということも重要になる。

解剖学的にいうと、たとえばヒトを含む哺乳類の外部生殖器である陰茎の根元は、必ず骨盤に付着している。これによって、体の動きと生殖器を連動させることができる。さらに、陰茎は骨盤周囲の筋肉と連動して射精の準備を瞬時に整える。

それはもう「心技一体」とでも呼びたくなるような、見事な連携プレーなのである。

哺乳類最大の陰茎をもつセミクジラ

特大の陰茎と精巣は何のため？

陰茎のサイズにものをいわせているのが、ヒゲクジラ類（34ページ）の一種のセミクジラ科鯨類のオスである。

セミクジラ科は、ホッキョククジラ、キタタイセイヨウセミクジラ、キタタイヘイヨウセミクジラ、ミナミセミクジラの4種が存在し、このうち日本周辺にいるのはキタタイヘイヨウセミクジラ（セミクジラ）だ。セミクジラは、頭部にこぶ状の突起がある実にユニークなヒゲクジラで、私の最も好きな鯨類の一つである。

セミクジラ科鯨類の体長は15〜20メートル程度だが、陰茎の長さは約3〜4メートルといわれ、体長の5分の1から4分の1の長さを誇る。ちなみに、地球上最大の動物であるシロナガスクジラは体長26〜30メートルで、陰茎の長さは約3メートル。

つまり、セミクジラは体長に対する陰茎比が、シロナガスクジラの倍になる。さら

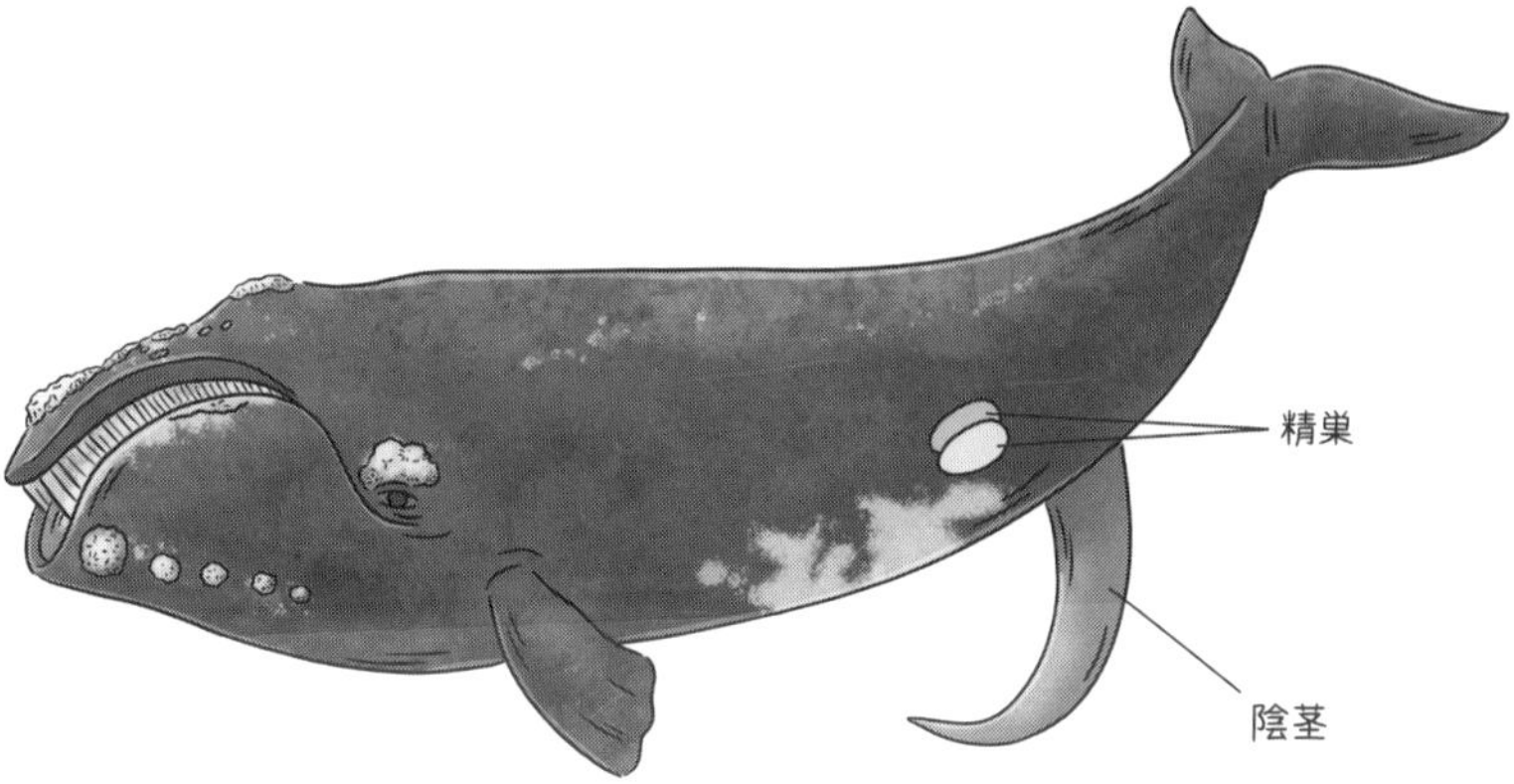

セミクジラと陰茎と精巣

に、セミクジラ科は精巣も大きく、左右合わせた重量は約1トンにおよぶ。

なぜ、セミクジラ科鯨類がこのように大きな陰茎と精巣をもち合わせたのかというと、交尾のとき、大量の精液を膣内に流し込み、自分より先に交尾したオスの精子を洗い流すためだといわれている。

セミクジラ科鯨類だけがそうした繁殖戦略を選択した理由は、彼らに聞いてみないとわからないが、セミクジラ科鯨類はもともと要領よく生きるタイプのクジラであり、摂餌方法もあのユニークな頭部を使って、泳ぎながら口先を少し開けたままエ

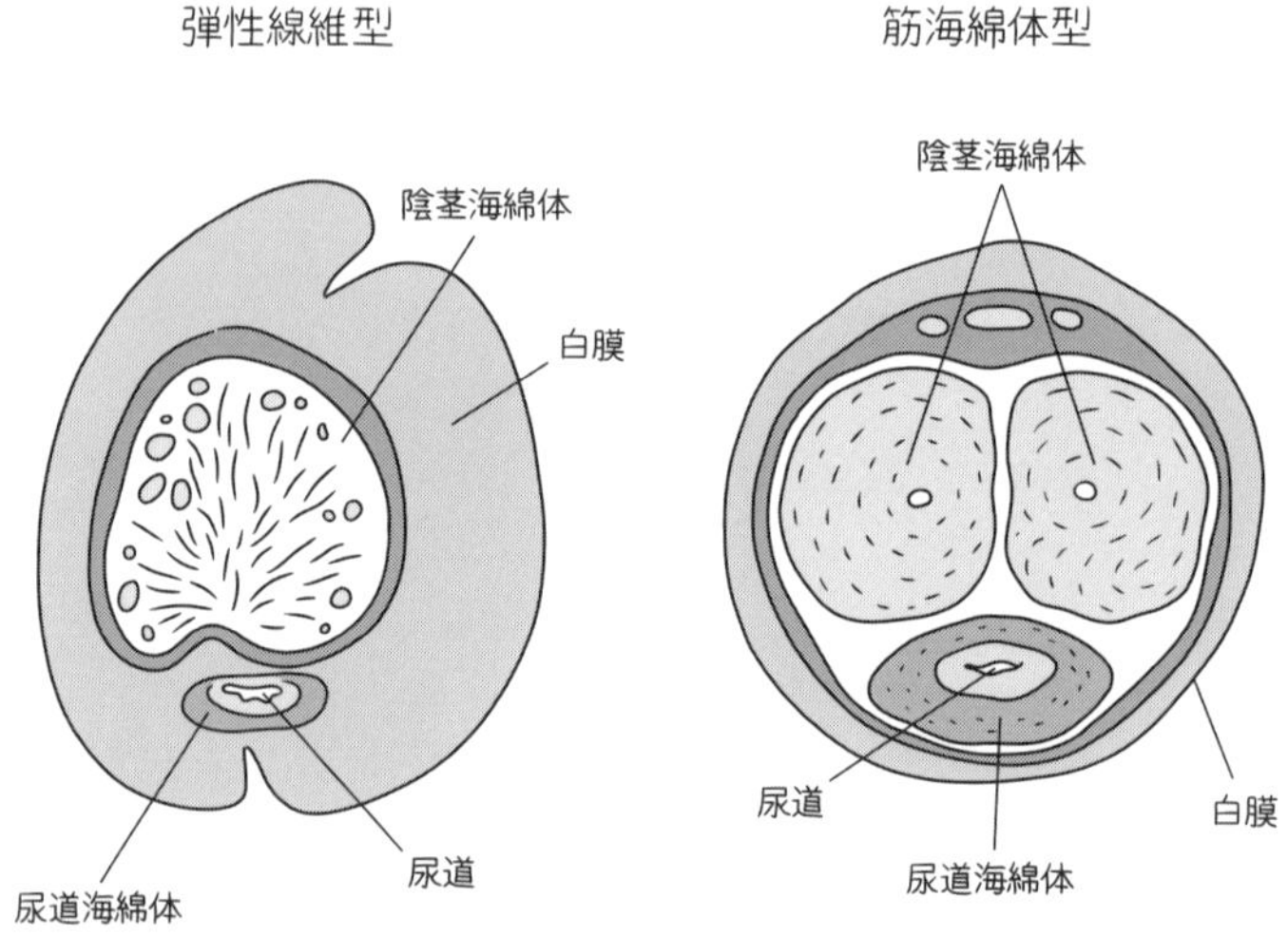

陰茎の断面2種類

サを食べる最も楽な方法を獲得している。

繁殖戦略においても〝質より量〟ではないが、自分以外の精子を自分の精液で洗い流すという単純かつ簡単な戦略を立てたのかもしれない。何とも原始的な方法だが、ファン心理とは恐ろしいもので、そんなところも私にはチャーミングに映る。

それにしても、「セミクジラのオスの巨大な陰茎は、ふだん身体のどこにあるの?」と不思議に思う人も少なくないだろう。その辺を理解していただくために、陰茎の構造に関するそもそも論から紹介しよう。

哺乳類の陰茎は、基本的に「弾性

線維型」と「筋海綿体型」の2種類に分けられる。

要は線維質が多いか、筋肉と血管が多いかの2つに大別される。セミクジラ科鯨類を含む鯨類の陰茎は、前者の弾性線維型である。

弾性線維型の陰茎は、海綿体（毛細血管の集合体で陰茎の主体をなす勃起性組織）の発達は悪く、海綿体へ血液が流入することで膨張する勃起（陰茎が生理的に拡大し硬直すること）は得意ではない。

その代わり、海綿体の外側を包み込むように存在する白膜（結合組織の層）に弾性線維が豊富に含まれている。このぶ厚い白膜があることで、普段から（勃起しなくても）ある程度の大きさと形を維持したまま、包皮内（陰茎を収納する袋状の皮膚）にS字状に折りたたまれて、外生殖孔内（陰茎を収める袋状部分）に収まっている。そのため、大きい状態でも外側からは目立たない。

特に水中生活に適応したクジラをはじめとする海の哺乳類の場合、体の外側に「何か」が出ていると遊泳の邪魔になるほか、生殖器にケガをしたり、攻撃の対象にもなりうる。そのため、まったくといってよいほど、外側から陰茎を確認することはできない。

しかし、メスの発情に反応して性的興奮を覚えると、体内で陰茎を引っ張っている陰茎後引筋という筋肉が素早く弛緩《しかん》し、一気に飛び出すしくみになっている。このタイプの陰茎は、多くの鯨類と偶蹄類がもち合わせている。

クジラ類で最も陰茎が大きいのは、というか体長と相対的に大きいのは、おそらくコマッコウ属のコマッコウとオガワコマッコウであろう。コマッコウ属はその名の通り、マッコウクジラと外見が似ているがちょっと小さい、という由来からその和名が付いた。

2種とも日本周辺に棲息するが、オガワコマッコウの方がどちらかというと南方系である。この2種は非常に似ているので、種同定は経験値がものをいう。

クジラの中でもストランディング（240ページ）の件数は比較的多く、サメに襲われて打ち上がってしまうケースが多い。なぜ、コマッコウ属だけがサメによく襲われるのか、理由は定かではないが、外見が少しサメに似ているからかもしれない。

実は、このコマッコウ属は研究者泣かせである。前述した通り哺乳類の陰茎は一般に「骨盤（鯨類や海牛類では骨盤骨）」（119ページ）に付着しているが、コマッコウ属にはこの肝心の骨盤骨が存在しない。

彼らの陰茎は、通常の骨盤骨部分に形成された強靭な腱には付着しているものの、そこに骨成分は存在しない。けれども陰茎はとても大きいのである。

東京大学で博士課程時代、この難問を解き明かすために数個体のコマッコウ属を解剖したものの、骨性の骨盤骨を発見することはできなかった。としても、こうした未知な領域があるからこそ、生物を理解することは興味深く、ますますのめり込む理由となる。

彼らにしてみたら「わかってたまるか！」といった感じなのかもしれない。

水産会社の縁起物

ある意外な場所で、クジラの陰茎が展示されているのを目にしたことがある。それは、北海道の水産会社の冷凍庫の中だった。

「なぜ、生鮮食品を保管する冷凍庫にクジラの陰茎が？」

そこには、水産業界ならではの特別な理由がある。

ひと昔前まで、日本人にとってクジラ（鯨肉）は貴重なタンパク源であり、水産業界では一大産業を築いていた。鯨肉を商品として保管する冷凍庫では、事故など起こすことなく商品の出し入れが滞りなく行われる必要があり、クジラのオスの生殖器（陰茎）とメスの生殖器（生殖孔部分）をセットで祀《まつ》る風習があったというのだ。

つまり、クジラが交尾する時のようにスムーズに、安全に冷凍庫の商品を出し入れ

縁起物としての生殖器

できるようにと祈願してのことらしい。

今から2〜3年前、その水産会社の冷凍庫がリニューアルされるのにともない、祀ってあったクジラの生殖器を引き取ってもらえないかと打診された。縁起物としてクジラの生殖器を祀る風習があることは知っていたが、実際に目にするのはそれが初めてであった。

それは、想像を超える大きさであった。クジラの種までは同定できなかったものの、ナガスクジラ科鯨類のオスの陰茎（約2メートル）と、メスの生殖孔部分（約1メートル）の展示物は、まさに圧巻であった。

いか。

しかも、冷凍庫に祀られていてフレッシュな状態が保たれていたことも奇跡的ではないか。

この水産会社が、私の勤める博物館の近くであったなら、間違いなく前向きに検討しただろう。それこそ、私の頭の中にあるストランディングそろばんならぬ、もう一つの博物館そろばん（つまり予算の見積もり）が動き出したにちがいない。

しかし、北海道はあまりにも遠すぎた。巨大な陰茎と生殖孔の輸送費に加えて、かりに博物館に運べたとしてどこに保管するのか、それも冷凍で……といったことを冷静に考えると、とても現実的ではなかった。結局、泣く泣くお断りしたのである。

しかし、クジラの生殖器が実際に縁起物として大切に祀られているのを見ることができただけでも、何ものにも代え難い経験となった。

ヤギの交尾を見逃すな

天敵に襲われないための戦略

陸上の哺乳類の中にも、クジラと同じ「弾性線維型」の陰茎をもつ動物はたくさんいる。ヤギもその一種である。

ヤギは、ウシ科ヤギ属の動物で、クジラと同じ鯨偶蹄目に分類される。紀元前から家畜として飼育されていた歴史があり、とくに遊牧民の重要な産業動物として、食用の乳や肉、あるいは毛・皮の利用など、さまざまな用途に用いられてきた。

クジラ類とヤギは共通の祖先をもつことから、同じ陰茎型を有するのは想像に難くない。ヤギの他、ウシやヒツジ、ラクダなどの偶蹄類は、そのほとんどが草食動物であるため、野生下ではいつも外敵からの襲撃を警戒しなければならない。

とくに無防備になりがちな交尾中は要注意で、ロマンチックな気分に浸っている場合ではなく、なるべく短時間で交尾を終わらせる必要がある。そこで彼らが獲得した戦略が「一突き型交尾」である。じつはクジラ類は肉食性であるが、この一突き型交尾を選択した。この理由は本項の最後に紹介する。

一突き型交尾では、パンと手を叩くくらい一瞬のうちに交尾が終わる。弾性線維型の陰茎は、前述したように腸から伸びる筋肉（陰茎後引筋）に引っ張られながら、普段は包皮の中に一定の大きさでS字状に折りたたまれた形で収まっている。

それがメスの発情を察知すると、陰茎後引筋が弛緩し、陰茎が瞬時に飛び出す。まさに〝一突き〟で交尾を終えるのである。これにより、天敵の奇襲も何のその交尾を完了させることを可能とした。

獣医大学の学生時代、繁殖学の実習でヤギの交尾を観察したことがある。それがいかに一瞬のうちの出来事か、卒業して数十年が経った今でも、級友たちと思い出して話すことがあるくらい印象に残っている。

何度もいうが、本当に一瞬で終わる。事前に、担当の先生から「あっという間だから見逃すなよ」といわれ、目を見開いて観察していたところ、オスがメスにまたがったと思った瞬間、もう終わっていた。

交尾時間は、約1秒。なんともせっかちな交尾だなあという感想とともに、「これで本当に受精するのかな」と心配になるが、だからこそ、一瞬の交尾でも確実に受精

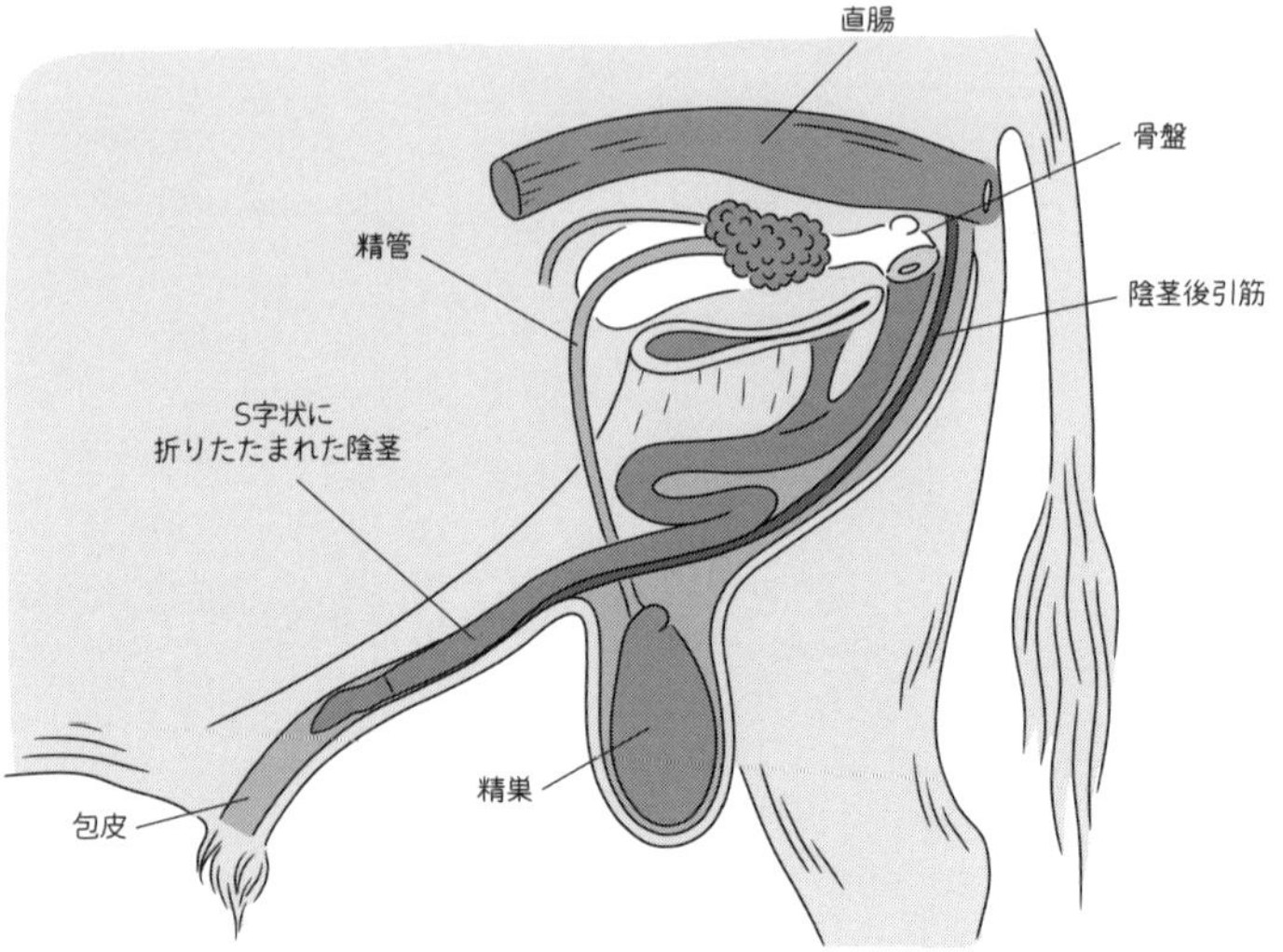

陰茎が飛び出すしくみ

するように、草食動物は弾性線維型の陰茎と一突き型交尾を身につけたのである。

ただし、その一瞬に陰茎がちゃんと膣に入らないことも、ある。男性の方なら想像しただけで悶絶《もんぜつ》しそうになるかもしれない。ヤギをはじめとする草食動物も、ちゃんと挿入できないと陰茎が曲がってしまったり、痛みのあまりオスが悲鳴をあげたりすることもある。

一方、クジラ類は海洋での生活を選択した結果、重力から解放され、体を大きくすることで、陸上の草食動物ほど天敵に怯える必要はなくなった。しかし、お互い泳ぎながら交尾したり、定期的に海面に浮上して呼吸をしたりしなければならない。こうした不便さを補うためか、クジラ類もこの一突き型交尾を継承し、陰茎の形も弾性線維型でS字状に体内に収まっている。外側に陰茎や精巣があれば、遊泳のとき邪魔になるというものであろう。

さらに、すべての哺乳類では陰茎は基部で二股に分かれ（陰茎脚）、骨盤の坐骨部に付着し、安定性と身体との連動を担っている。我々人間も同様、骨盤は上半身と下半身を連結させ、移動手段である四肢（人間では後ろ足）を駆動させるのにも役立っている。

クジラ類は進化の過程で後肢を退化させ、尾ビレに推進力を託して水中生活へ適応進化を遂げたため、後肢と骨盤の関係は消失してしまい、骨盤は遺残的な形状（棒状や三角形で、脊椎との繋がりはない）に変化した。

しかし、哺乳類であり続けた結果、骨盤内臓と骨盤の関係は保持している。つまりオスに至っては、陰茎が遺残的な骨盤である「骨盤骨」に付着し、腸からの陰茎後引筋も存在している。じつは、この部分の肉眼解剖学的研究が私の東大時代の博士論文であり、クジラ類のオス・メスの生殖器と骨盤骨、周辺構造を解剖し、観察していた。今になって多くの方に紹介できる機会に恵まれたことは、嬉しい限りである。

ウマのフレーメン反応は興奮のしるし

ヤコブソン器官の役割

ウマの繁殖行動は、メスがリードしている感が強い。メスは発情してもツンデレで外見的にとくに変化はないが、発情したメスに対するオスの反応はすごい。歯と歯茎をむき出しにして、大笑いしているような表情を見せる。「フレーメン反応」と呼ばれる現象である。

普段、凛としたイメージの強いウマが、驚くほど豊かな表情を示すことから、初めてフレーメン反応を目にした人は一様に驚く。もちろん、この表情を見てウマを好きになったり、親しみを抱いたりする人も多い。

獣医の私は、大学時代からウマにふれる機会が比較的多かった。小学生の時に家族旅行で訪れた北海道沙流《さる》郡日高町にある日高ケンタッキーファーム（2008年閉園）での乗馬体験やふれ合い体験がきっかけで、ウマの獣医になる夢を抱いていた頃もあったくらいだ。

ウマは、筋海綿体型（122ページ）の陰茎の持ち主である。筋海綿体型の陰茎は、白膜の内側にある海綿体が発達しており、ここに血液が充満することで海綿体筋が収縮（勃起）し、交尾できる状態になる。メスの発情が引き金になってオスが性的興奮を覚えると、男性ホルモンの影響で、海綿体の中にある静脈に血液が一気に流れ込むのである。

ウマやバクなどの奇蹄類（奇数の蹄をもつ哺乳類）のほか、人間もこのタイプの陰茎をもつ。哺乳類の中では最も単純な構造としくみで、ある意味〝工夫のない〟陰茎の部類に入るのかもしれない。

オスウマのメスに対する激しい思いは、フレーメン反応のような表情の変化にとどまらず、ときに突発的な行動として現われる。

大学の付属牧場でウマに乗る実習を受けていたときのこと。1頭のオスのウマがいきなり暴走し、敷地内のゴミ捨て用の深い穴に転落した。ものすごく大きな音がして、近くにいた私もすぐに現場へ駆けつけた。穴に落ちたウマはすでにピクリとも動かず、即死状態だった。

なぜそのようなことが起こったのかというと、そのオスの前を歩いていたメスがど

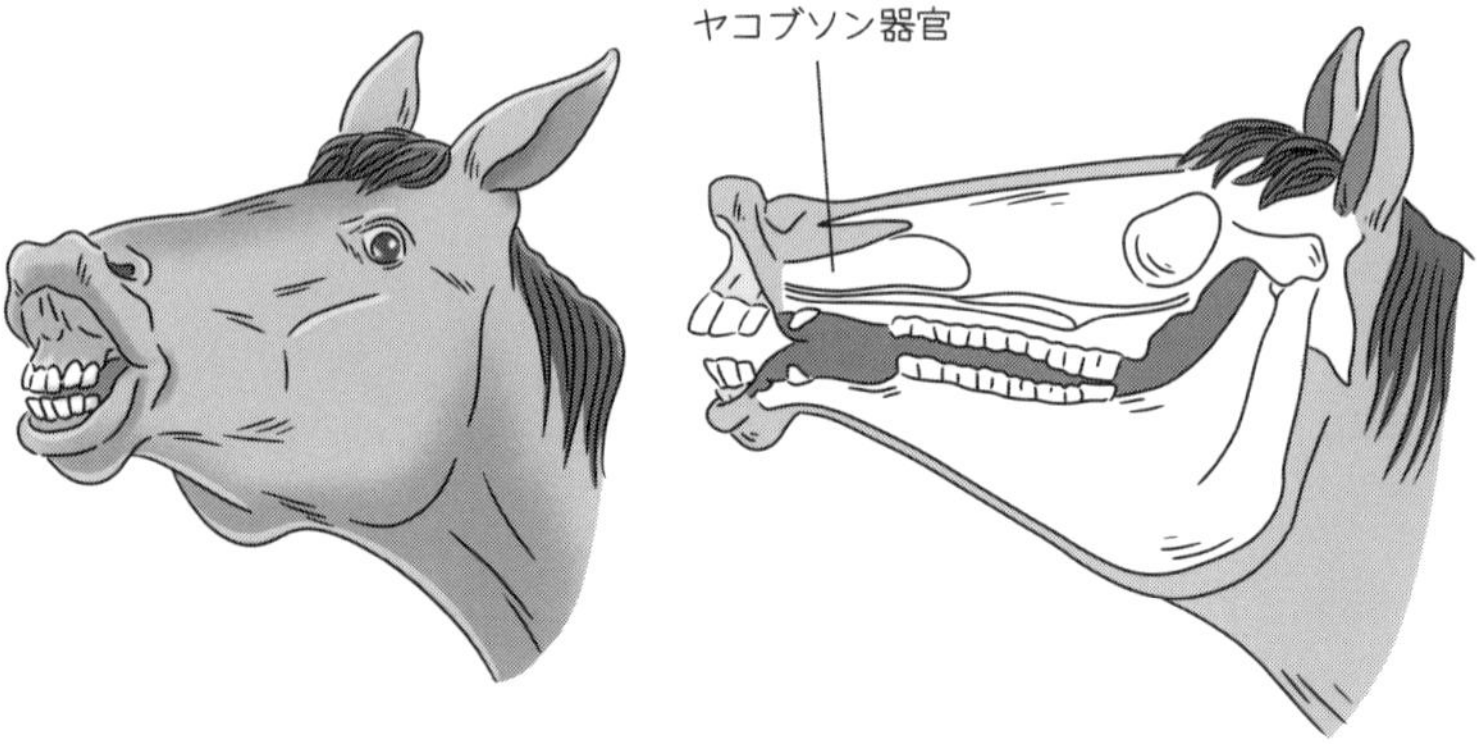

フレーメン反応とヤコブソン器官

うやら発情していたようなのだ。オスは突如、大興奮して作業員さんの手綱を振りほどき、猛スピードで走り出したのはいいが、運悪く穴に落ちてしまったのである。

発情すると、そこまで我を忘れてしまうのか、それでは交尾どころではないではないか、と彼の激しさや情熱を受け止めつつも、オスウマとメスウマは安易に近づけてはいけないと痛感した出来事であった。

ところで、フレーメン反応を呈しているオスウマは、笑っているわけではない。ウマは鼻腔に「鋤鼻《じょび》器（ヤコブソン器官）」と呼ばれる嗅覚器官がある。初めて嗅ぐニオイや特有のニオイに接すると、唇を思い切り引き上げて鋤鼻器を外気にさらし、もっとそのニオイを嗅ぎ取ろうとする習性がある。この動作によって、笑ったような妙な表情が生み出される。

ウマは元来神経質であり、視覚や聴覚、そして嗅覚にも非常に敏感である。嗅覚は人間の1000倍ともいわれる。この嗅覚能力を維持し、かつ発情したメスのニオイを確実に嗅ぎ取ることができるよう鋤鼻器を発達させた。

とくに発情したメスの生殖器や尿のニオイには、顕著なフレーメン反応が起こる。それが交尾につながり、新しい命を生み出すことになる。そのほか、タバコやアルコール、香水のニオイなど、刺激の強いニオイに対してもフレーメン反応を示す。

フレーメン反応は、ウマ以外の動物にもよく見られる。身近なところでは、イヌやネコのオスが「フガーッ」といった感じで鼻と上唇を少し上げ、空を見つめる表情をする。うちにも愛猫がいるが、そのうちの1匹はオスで同居メスの生殖器を嗅いではフガーッとしている。

ヒトを含む高等霊長類、コウモリの一部とクジラ類を除けば、残りの哺乳類のほとんどが鋤鼻器をもち、程度の差あれフレーメン反応を示す。ただ、やはりウマのフレーメン反応は独特で、あの表情を見たらしばらく頭から離れないほど魅力がある。

ロックオン型&らせん型の陰茎

一度とらえたら離さない形

陰茎という視点で見てみると、身近にいるイヌもウマや人間と同じ筋海綿体型で、性的に興奮すると海綿体に血液が流入し、陰茎が膨張・硬化（勃起状態）する。ただし、イヌの場合、我々にはない工夫が見られる。

陰茎が勃起状態になると根元がさらに膨らんで「亀頭球」と呼ばれるこぶ状のものが形成されるのだ。交尾が開始されると、この膨らんだ亀頭球によって、膣内で完全にロックがかかり、陰茎が容易には抜けなくなる。

いわゆるロックオンしてしまうのだ。これもすごい戦略である。

かりに交尾途中でメスが嫌がって逃げようとしても、一度膨張した陰茎はそう簡単には抜けない。その結果、交尾姿勢のままオスも一緒について行くことになり、交尾が1時間以上におよぶこともある。

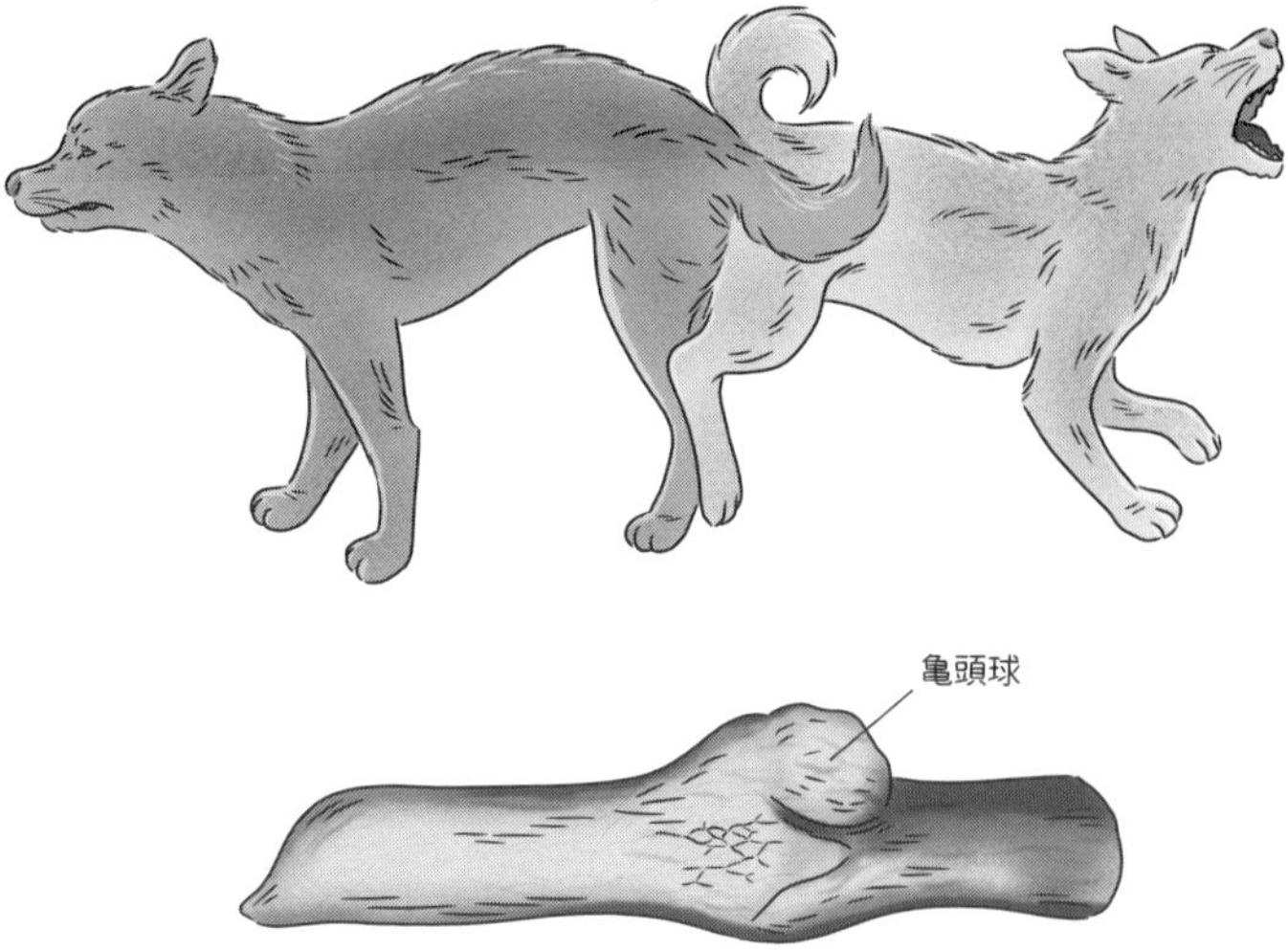

イヌの交尾と陰茎

大学院生だった時、山陰地方の田んぼの真ん中で、たまたま野犬の交尾を目にしたことがある。そのときもメスは逃げようとしていたのだが、すでにロックオンされていたようで、メスが動くとオスも一緒になって移動せざるを得ない様子だった。

オスもオスで、もはや「逃さないぞ」というよりは、「あれっ、あれあれ。待って待って、抜けないよ」という表情をしていたのが忘れられない。オスにとっても、いざ交尾姿勢に入ってロックオンするとコントロールが効かず、かえって困ってしまうこともあるのかもしれない。

亀頭球は、ロックオン機能だけで

なく、精液の逆流を防ぐ役割もある。イヌ以外では、タヌキやコヨーテなどのイヌ科動物も筋海綿体型で亀頭球の陰茎をもつ。

メスに寄り添った優しい陰茎

ブタの陰茎も、独特である。クジラと同じ鯨偶蹄目に属するブタは、基本的には弾性線維型であり、S字状になって体内に収まっている。だが、ブタの陰茎は自由部（陰茎の先端部）がらせん状に回転し、亀頭はない。そのため、「特殊型陰茎」として区別することもある。

なぜこんな形になっているのかというと、メスの子宮頸管《けいかん》が「頸沈」と呼ばれる粘膜のヒダによってらせん状になっていることから、オスの陰茎もこれに合わせた形状をしているのである。メスの子宮がらせん状になることで、精子が外に漏れ出るのを防ぐ効果がある。

この粘膜のヒダは、子宮口から縦方向、螺旋方向、そして最後には平坦な横方向のヒダとなっている。さらに、子宮頸管自体は発情期には緊縮し、休止期になると弛緩するという。子宮側でも、陰茎が挿入しやすいよう準備をしていることになる。

このように複雑な膣の形状に合った陰茎を挿入できれば、オスにとっては交尾を成

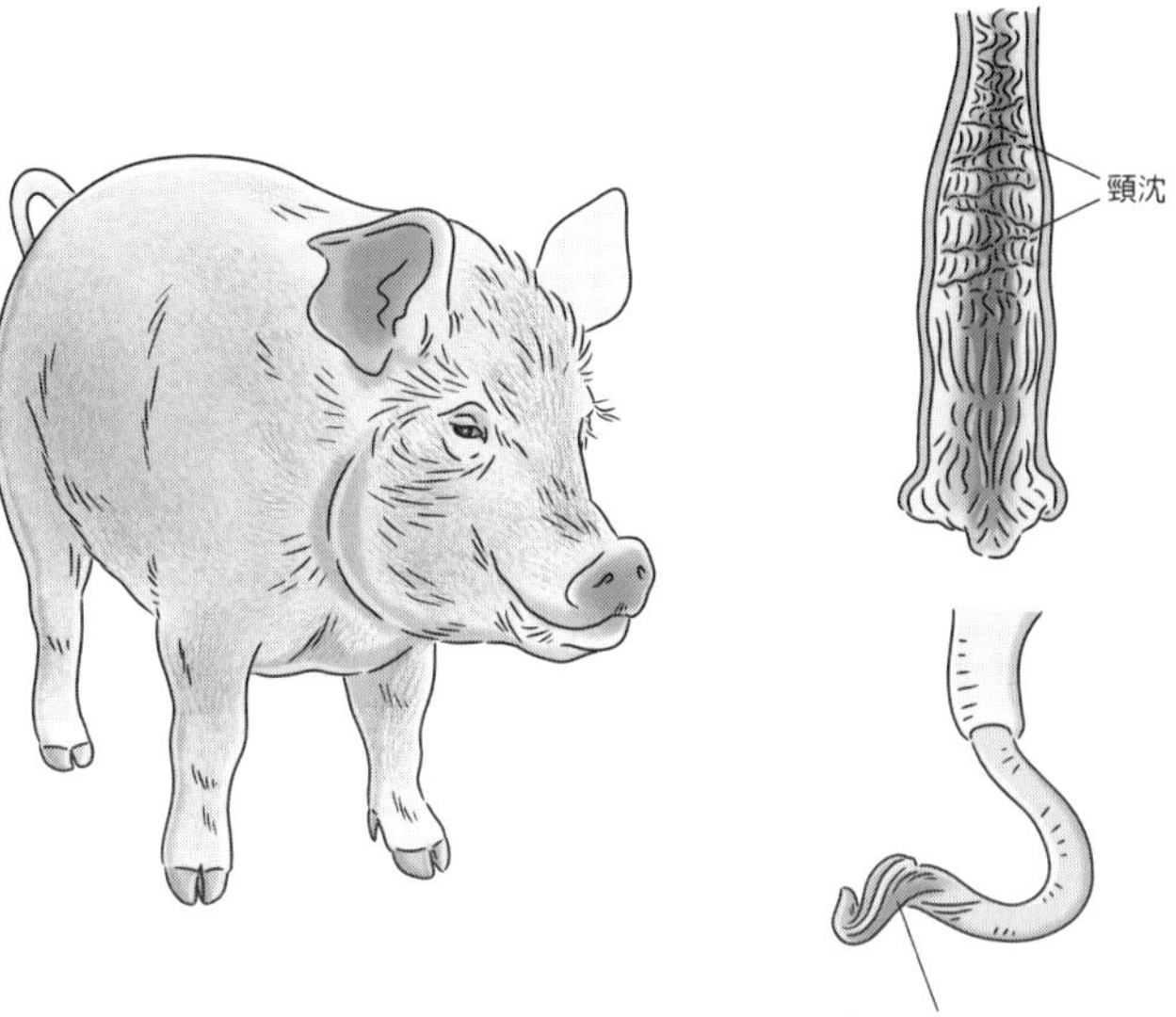

ブタの陰茎と子宮頸管

功させる確率を高めることができる。ネジとネジ穴の構造と同じ原理である。

　じつは、ブタというと、獣医業界では、豚丹毒《とんたんどく》（人畜共通感染症の一つで細菌による豚の重篤な感染症）や豚コレラ（家畜伝染病の一つで、ウイルスによるブタの感染症）といった具合に、もっぱら病気に関する話題が多くなりがちである。

　そんなブタの生殖器に、こんなに驚くべきしくみや工夫が隠されているとは……。産業動物でこのタイプの陰茎と膣をもつのはブタだけである。メスに寄り添った優しい戦略である。

陰茎内に骨があるセイウチ

確実に交尾を成し遂げるために

クジラと同じように陸から海へ生活の場を移した海獣類の仲間に、セイウチがいる。セイウチは、北極圏の氷上や沿岸域に生息するセイウチ科セイウチ属の鰭《き》脚《きゃく》類（ヒレ状の脚をもつ海獣類）で世界中に1種しかいない。オスもメスも長い牙（犬歯が発達したもの）をもち、口周りにヒゲ（洞毛《どうもう》：感覚毛）がある。繁殖期になるとオス同士で闘い、勝ち残ったものが、一夫多妻のハーレムを形成することができる。

セイウチも大きくは食肉類に分類されるため筋海綿体型の陰茎をもつのだが、陰茎内部に「陰茎骨」と呼ばれる〝骨〟が存在するタイプの陰茎なのが特徴だ。

陰茎骨をもつ動物は比較的多く、人間以外の霊長類、食肉類、翼手類（コウモリ類）の多くと、齧歯《げっし》類（リス、ネズミ、ビーバーなど）、真無盲腸《しんむもうちょう》目（モグラ類）に存在が確認されている。種によっては先端が耳かきのように曲がっていたり、すぼまっ

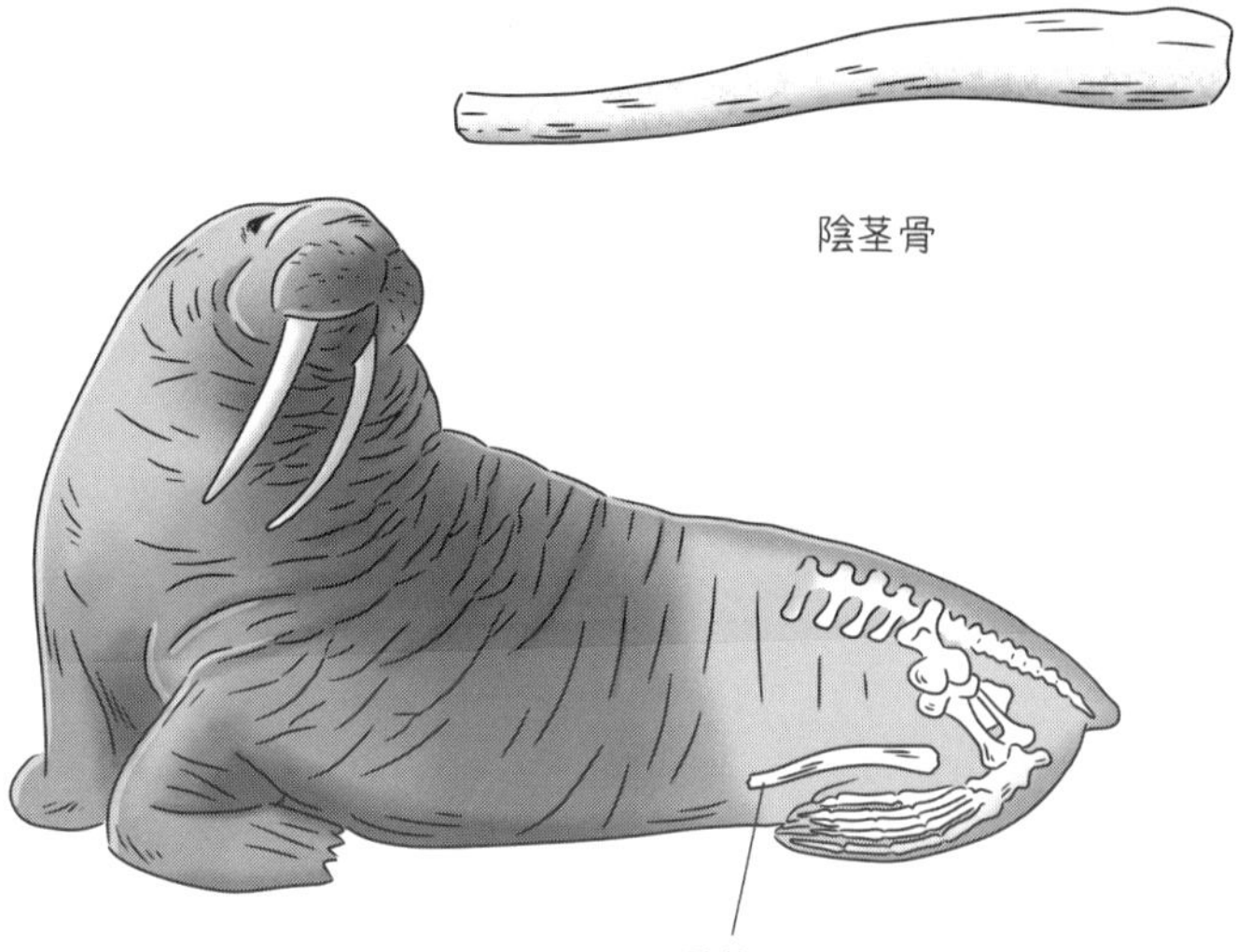

セイウチの陰茎骨

ていたりなど陰茎骨の形状が異なるため、種を同定する際に指標として用いられることがある。

「なぜ、骨が陰茎内に……?」と思う方もいるかもしれないが、じつはこれは画期的な戦略の一つである。イントロで紹介したように、自分の子孫を確実に残すためには、オスはとにもかくにもメスのタイミングに合わせて交尾を行わなければならない。いかなる場合であっても……。

もしも、筋海綿体型の陰茎の内部に陰茎骨があれば、たまたま調子が悪くて海綿体が充血しない状態(非勃起状態)になっても、ある程度の大きさと形状を保ちながら膣へ挿入することができる。つまり、メスの発情を察知し、その数少ないチャンスを逃すことなくオスは交尾態勢に移行できる。

そのため、前述したように哺乳類の多くがこの陰茎骨を内蔵しているのだろう。霊長類や食肉類の中には、交尾時間が長い種ほど陰茎骨が長い傾向が見られ、交尾中の形状維持にも役立っているとされる。

鰭脚類の陰茎骨は、どれも単純な棒状をしている。ただし、長さで競った場合、セイウチの陰茎骨は群を抜いて長い。おそらく、哺乳類界で一番長い陰茎骨をもつのがセイウチである。

セイウチと同じ鰭脚類のミナミゾウアザラシのオスは、体長はセイウチのオスの2倍以上にもなる。しかし、当の陰茎骨の長さは30センチメートル弱ほど。これに対してセイウチの陰茎骨は約60センチメートルに至り、ミナミゾウアザラシの2倍の大きさである。

このように、体の大きさと陰茎骨の長さは比例していない。では、セイウチの陰茎骨がこれほど長いのはなぜだろう。

セイウチのメスは、排卵日が年に1～2日しかなく、哺乳類の中でも排卵日が非常に少ない。そのため、年に一度の大イベント（交尾）を「必ず成功させる！」ために

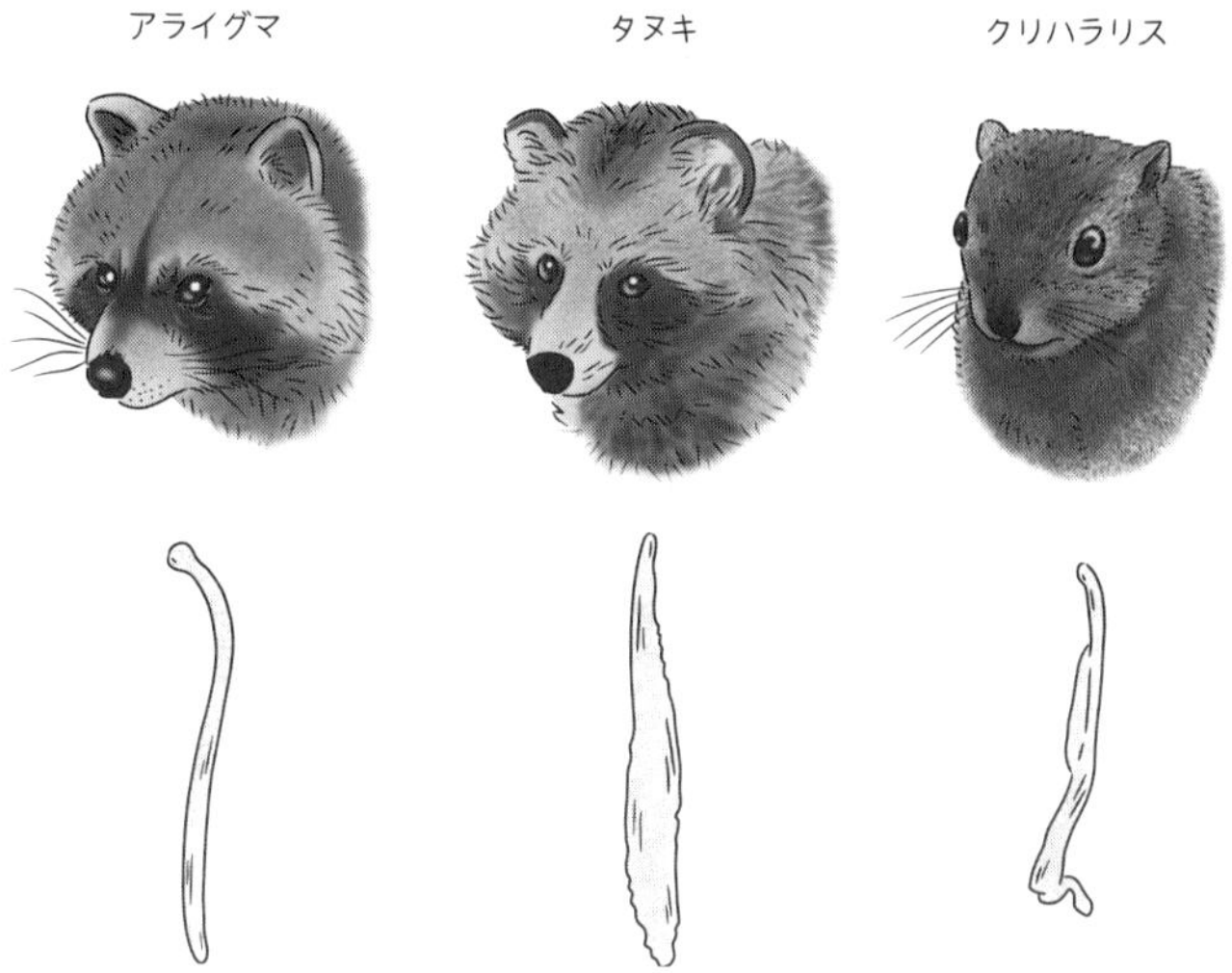

その他の動物の陰茎骨

適応進化した結果、誰よりも長い陰茎骨をもつ動物になり得たのだろう。

先に少し紹介したが、種によって陰茎骨はさまざまな形状をしている。アライグマやイタチの陰茎骨は、先端部がフック状に湾曲する。タヌキの陰茎骨は、全般的に棒状で腹側に尿道の通る溝がある。

さらに、ネズミの陰茎骨は軟骨性なのに対し、同じ齧歯類のリスは骨質の丈夫な陰茎骨をもつ。

それぞれ進化の過程で、必要に応じて形状を変化させてきたわけだが、細かな工夫と戦略に敬服する。

トゲトゲで排卵を促すライオン

ネコ科の陰茎戦略

筋海綿体型の陰茎をもつ動物の中には、交尾中にメスの排卵を促すという、さらなるツワモノも存在する。ライオンをはじめとするネコ科の動物である。

ネコ科のオスは、陰茎の表面に「角化乳頭（陰茎棘《きょく》）」と呼ばれる無数のトゲ状突起があり、交尾中にこのトゲでメスの膣粘膜を刺激し、排卵を誘発する（交尾排卵）。これもまた、確実に自分の子孫を残そうとする戦略の一つである。

ライオンは、アフリカのサバンナや草原、インドの森林保護区に生息する大型ネコ科動物である。ネコ科動物は一般に、体格や体形に雌雄差がそれほど見られないが、ライオンではオスの体長が170~250センチメートル、体重150~200キログラムなのに対し、メスの体長は140~175センチメートル、体重120~180キログラムで、雌雄にかなりの体格差がある。加えて、オスには〝百獣の王〟

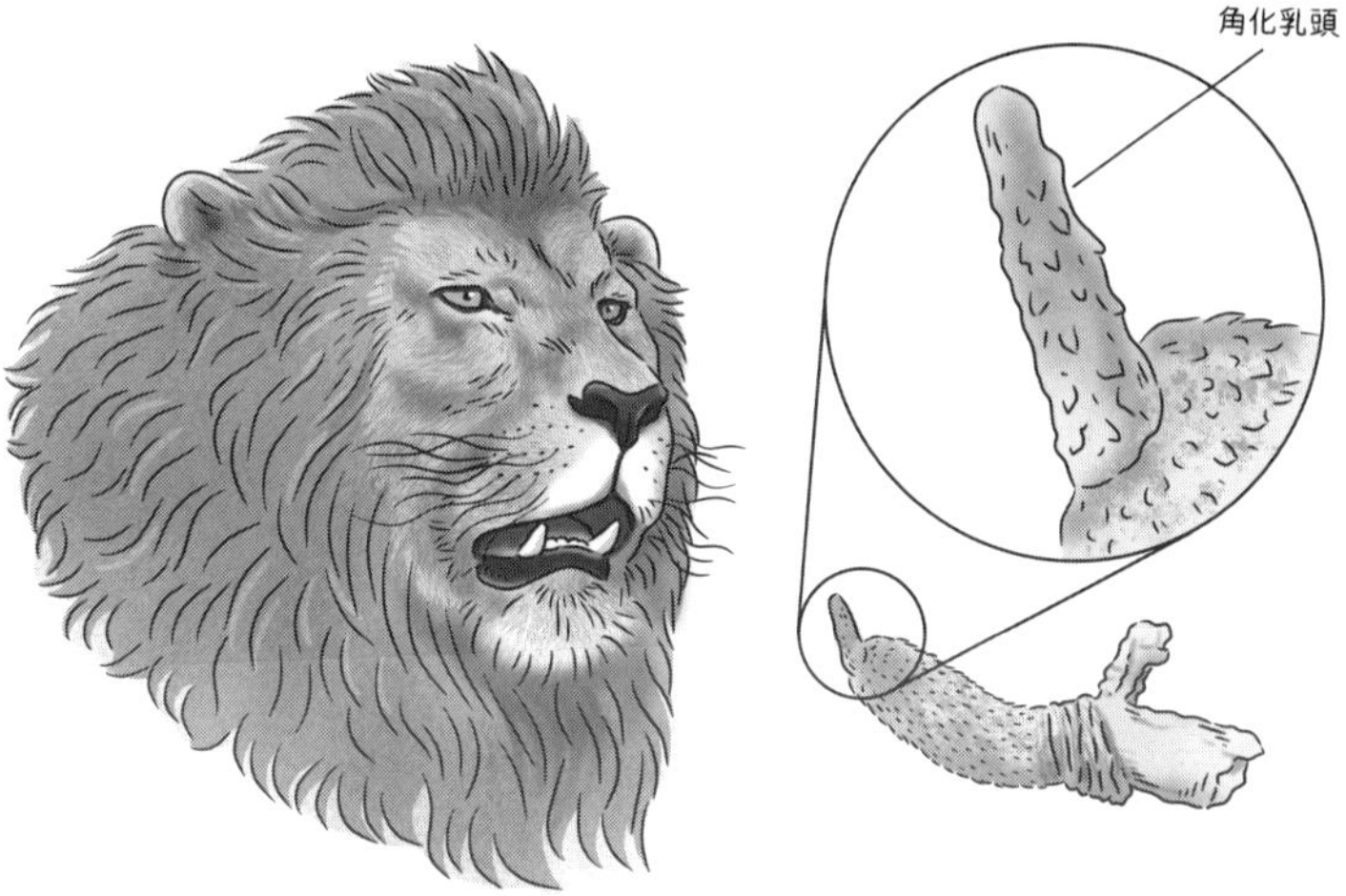

ライオンのオスと陰茎

とうたわれる所以《ゆえん》でもある「たてがみ」が生えているのが大きな特徴である。

たてがみは、メスへのアプローチやオスの象徴、さらにはオス同士の威嚇など重要な役割を担っている。性ホルモンの一つ、テストステロンの分泌が多いオスほど、たてがみの色がより黒くなる傾向にあり、立派なたてがみの条件は毛量よりも色の濃さにあるという説もある。

近年、南アフリカ共和国の南部から東部の標高1000メートル以上の環境に棲息する個体群ではたてがみが発達する傾向があるのに対し、ケニアやモザンビーク北部にかけての熱帯地域に棲息する個体群ではたてがみはあまり発達せず、たてがみのない個体も見られるという。これまでは、生息域によってオスライオンのたてがみの発達に差があることは明確になっていなかった。

考えてみれば、ライオンの棲息地で気温が上昇し続けると、たてがみはたとえるなら真夏にマフラーを巻くようなもの。哺乳類である以上、体温維持は繁殖戦略よりも優先せざるを得ないため、温暖化が続けば、近い将来、たてがみのない百獣の王が主流となってしまうかもしれない。

通常、ライオンは1～3頭のオスと10頭前後のメス、そしてその子どもたちで「プライド」と呼ばれる群れをつくって暮らす。ライオンも母系社会で、プライド（以下、群れ）の中で生まれた子どものうち、メスはそのまま群れに留まるのに対し、オスは2～3歳になると群れを追われる。

複数のオスが留まると、親族同士で交尾を繰り返すことで遺伝的多様性がなくなり、生存能力の強い子孫を残すうえで不利となるからだ。

群れを離れたオスは、単独で放浪するものもあるが、多くは成熟するまで兄弟や従兄弟などオス同士で行動を共にし、狩りのやり方や闘い方などを修得し、やがて新しい群れを見つけると、単独または2～3頭で襲撃し、乗っ取りを図るようになる。

既存の群れにはたいていリーダーオスがいるので、闘いに負けると命を落とすリスクもある。そのため、若いオスライオンも無謀な賭けには出ない。前述したように、オスの強さはたてがみの色や量が重要な目安となる。

黒いふさふさのたてがみをもつオスのいる群れは避け、ちょっと年老いていたり、たてがみが貧相なリーダーの群れを見つけ、1～3頭のオスで狙い撃ちする場合が多いと考えられる。

若いオスたちは、自分たちのたてがみの色や量を見せつけることで、余計な争いをせずに、既存のオスを追い払える可能性も高く、闘うことになった際にも、たてがみの量が多いほど急所である頭や首回りを保護することもできる。

晴れて既存のオスを追い払うことに成功すると、若いオスたちはその群れのリーダーとなり、無条件で群れのメスを自分たちのものにできる。群れを乗っ取ったオスたちが真っ先に行うのは、前のオスの子どもを皆殺しにすることである。なんとも非情な行為に見えるかもしれないが、育児中のメスは発情しないため、自分の子孫を残すためには必要な行為なのである。

さらに、群れのオスはエサを得るための狩りには参加しない。大型の獲物を一撃で倒せるほどの長い犬歯と強力な顎をもっているにも関わらず、狩りは基本的にメスだけで行い、メスが仕留めた獲物をオスが優先的に食べるという亭主関白振りがひどい。

命がけで縄張りを守る理由

ろくでもないヒモ男みたいな印象であるが、ライオンのオスはオスで、群れを守るために日々神経をすり減らしている。縄張りを絶えずパトロールし、群れを狙う侵入者があれば威嚇してすみやかに追いやる。

それでも相手が向かってきたら、売られた喧嘩は必ず買わなければならない。それが群れを支配するオスの使命だからだ。縄張りを主張する手段は、基本的に尿や糞などでニオイをつけること（マーキング）で成り立つ。

メスにとっても、群れを乗っ取られたら、自分の子どもたちも皆殺しにされてしまう。安心して子育てするためには、普段ごくつぶしのオスであっても、強ければ「まあ仕方がないか」といった感じなのだろう。

そもそも、ネコ科動物の中で唯一ライオンだけが群れで暮らす理由は、①狩りをするときに集団のほうが有利なため、②群れを乗っ取ろうとするよそ者のオスから子どもを守るため、と説明されることが多い。

しかし、動物学者ジョナサン・スコットらの調査では、この2つの説に疑問が投げかけられた。まず①については、集団でも狩りの成功率は高くなかったうえ、成功したとしても多数で分け合うと各配分は限られてしまうため、メリットが少なくなる。②の説では、単独で暮らすトラやヒョウも、よそ者のオスが子どもを殺す習性があるため、この2つの説によってライオンが群れをつくる理由にはならないと結論づけられた。

そこで注目されたのが、縄張りの〝地の利〟である。同調査によると、20のライオンの群れを観察した結果、水や食料が最も手に入りやすい場所を縄張りにしている群れが、最も繁殖率が高かったという成果である。

つまり、健康第一な繁殖に適した場所を守るために、リーダーオスを中心にライオンは群れで暮らす習性を身につけたのではないかということらしい。

メスの欲求に応えられないオスなんて

オスがその群れを守っている反面、やはりライオンにおいても、交尾の主導権はメスが掌握している。メスが誘えばオスは絶対に断れない。

ライオンの交尾は数秒で終わるが、陰茎のトゲはメスの膣を傷つけることもあるので、陰茎を引き抜くときに、メスはその痛みのために甲高い鳴き声をあげることもある。加えて交尾中、オスはメスの首筋を噛んで抑え込むことも多く、メスにとってはただただつらい行為のようにも見える。それでも、交尾を終えると、メスは再び同じオスまたは別のオスと交尾を繰り返し、妊娠を確実なものとする。

メスはメス同士で子育てをするために同時期に出産する場合が多い。ということは、子どもの自立時期も重なる。育児中は決して発情しないメスだが、子どもたちが自立すると、ほぼ同じ時期に発情を開始する。発情したメスたちは、オスの顔にお尻を近づけてニオイを嗅がせて交尾に誘う。

自然界ではメスの気を惹くために死闘を繰り返したり、牙を伸ばして自分の寿命を縮めたりするオスも存在するのに、ライオンのオスの待遇はとても恵まれている。しかし、オスライオンの悦楽の日々は、メスたちの果てしない要求により試練に変わっていく。

1回の交尾は20秒前後なのだが、それを15分に1回、ときには5分に1回のハイペースで繰り返し、1日50回以上の試練（交尾）をこなすこともある。長いときにはそれが1週間ほど続き、その間、オスは寝食をする間もない。

さらに、オスはメスの誘いに応じられなければ、群れから追い出されてしまう。メスが自分の獲ってきたエサを優先してオスに食べさせるのは、じつは「尽くしてい

とっちめられるオスライオン

る」からではなく、交尾をして子どもをつくり、生まれた子どもを守ってもらうためなのである。子づくりや子育てに役立たないオスは、結果的に群れにも不要となる。

交尾中に排卵を促されるということは、ネコ科などのメスには発情期と呼ばれるものは明確に存在しないのかもしれない。それでも、特定の季節になると、野良ネコたちがにゃーにゃーと独特の声を出すのが聞こえる。ということは、ある程度子育てに適した季節を見越して、メスのほうでもオスをその気にさせる戦略は取っているのだろう。

隠された睾丸のナゾ

睾丸（精巣）を体内に留めたアザラシ

ミナミゾウアザラシは、アザラシ類の中で最も大きくなるゾウアザラシ属の一種で、南半球の亜南極圏を中心に棲息する。北半球にはキタゾウアザラシが棲息し、北太平洋の北米アラスカからメキシコのバハ・カリフォルニア州付近に分布する。

その名の如く、ゾウのように鼻面が長くなるのが特徴で、ミナミゾウアザラシの方が鼻面は短いのだが、体は大きくなる。成熟したオスの体長は6メートル前後、体重は5トンに及ぶ。明瞭な性的二型（体の大きさ、形、色などの違いにより一目で性別がわかること）を示す。

人間を含む哺乳類のオスの精巣（精子を生成する生殖腺）は、一般的に陰嚢と呼ばれる袋に包まれて身体の外にぶら下がっている。そう、あれである。ところが、ミナミゾウアザラシをはじめとする海の哺乳類は、セミクジラの項（120ページ）でもふれたように、すべてを見渡しても外側にブラブラしているものは見当たらない。では、どこにあるのだろうか。

そもそも哺乳類は、母親の体内にいる胎児期には、精巣の原基が腎臓の後方に存在する。その後、成長するにつれて徐々に尾のほうに移動し、最終的に鼠径部にできた鼠径管を通って陰囊に収納されて身体の外に移動し、定位置に収まる。「精巣下降」と呼ばれるオスの生理現象の一つである。

なぜ体の外に移動しなければならないのかというと、体温よりも2〜3℃低い環境下で精子をつくり出すよう進化したからである。体温との温度差を利用してエネルギーをつくり、造精していると考えられている。

しかし、ミナミゾウアザラシを含む海に棲む哺乳類は、別の選択肢を選んだ。水中適応する進化の過程で、外側にブラブラしたものがあると、遊泳の邪魔になり、致命傷になることもある。そのため、胎児期に起こるはずの精巣下降をやめる、または途中でストップさせることにした。

つまり、鯨類と海牛類、アザラシ類ではおなかの中（腹腔内）に精巣を留め、アシカ類とセイウチ類は筋肉内まで下降させる筋肉内精巣にした。

すると今度は別の事が心配になる。精巣は体温より2〜3℃低い環境下で、正常な

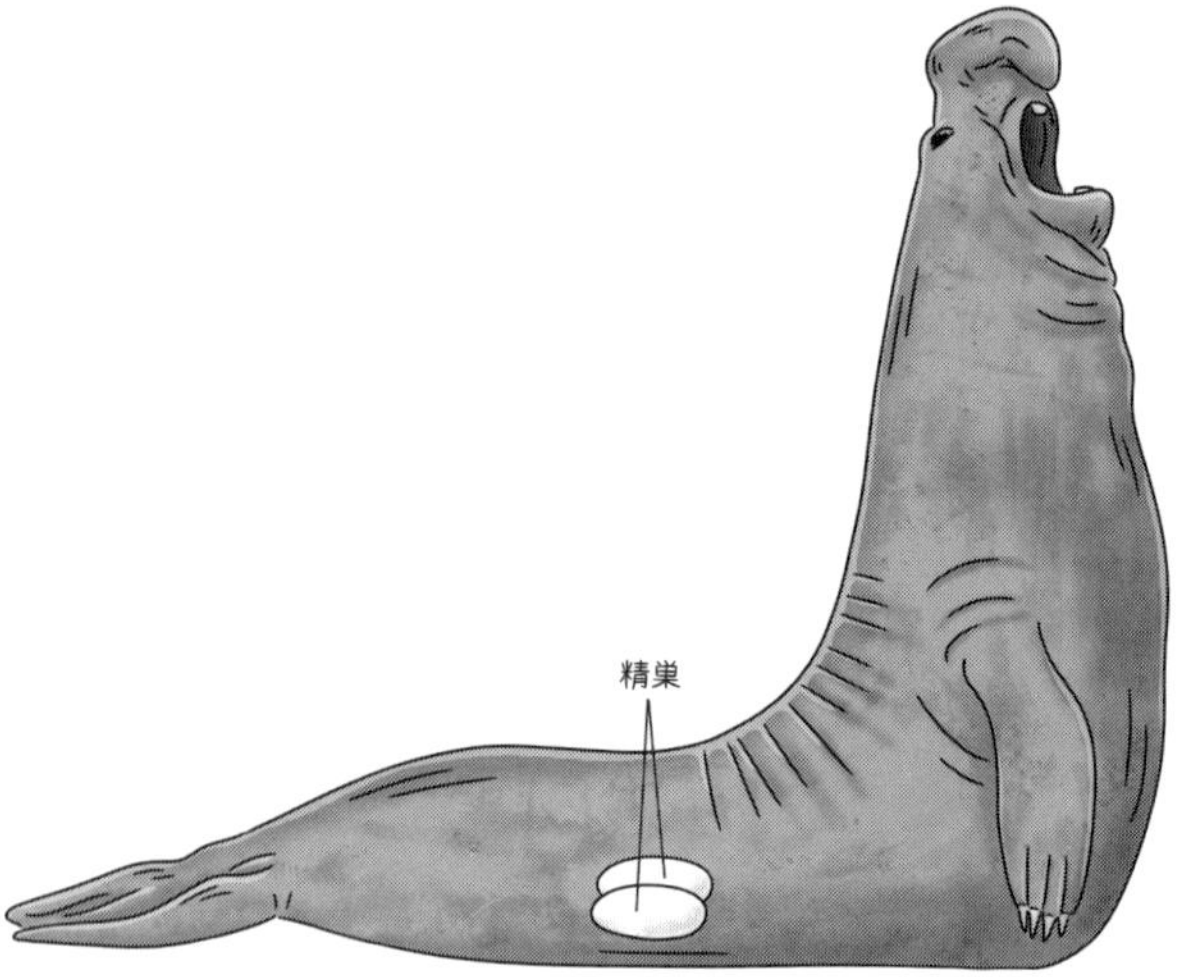

ミナミゾウアザラシの精巣

造精機能（精子をつくり出す機能）を営むしくみである。海の哺乳類のように、遊泳の邪魔だからといって、腹腔内に納めたままでは「あちち、あちち」で、精子をつくるどころではない。しかし、そこはさすが！　進化の過程でしっかりと適応している。

腹腔内精巣では、「蔓《まん》状《じょう》静《じょう》脈《みゃく》叢《そう》」と呼ばれる無数の静脈が、その名の通り、蔓のように精巣周囲に配置され、背ビレや尾ビレの表面で海水によって冷やされた血液を精巣に流し込むことで、精巣を冷やしているのである。

これについては面白いエピソード

がある。水族館では健康診断をする際、検温は直腸温（直腸の温度）で判断するのが一般的である。ある日、いつものように直腸に体温計を入れたのだが、いつもより少し奥に入った位置で測定したところ、体温が34℃ほどしかない。平熱は36～37℃なので、「これは大変だ！　調子が悪いらしい」と一瞬にして緊迫した空気になった。確認のためにもう一度、先ほどよりも少し手前のいつもの位置で測ったところ、今度は平熱で、担当者はホッと一安心したとのこと。

この個体はオスであったため、いつもより少し奥の位置というのは、つまり精巣周囲に該当したため、体温より2～3℃低くてもそれは当然だったのである。

精巣が腹腔内にあっても、精巣を体温より2～3℃低く保つ機能を装備できれば、正常な造精機能を営むことができる、ということである。アシカ類は、精巣下降を途中まで遂行させ、海水で冷やすこともでき、遊泳の邪魔にもならない一番利に叶った大腿の筋肉内に納めることに成功した。

一方で、腹腔内精巣は陸上生活を営むゾウでも認められるため、水中適応だけがその理由ではないのかもしれない。今後も目が離せないテーマである。

オスもメスもラクじゃない

1964年、南大西洋にあるサウスジョージア島の捕鯨基地を利用していた水産会社「日本水産」(現・ニッスイ)が、ペンギン40羽とミナミゾウアザラシの幼獣4頭を載せて日本に帰港した。ミナミゾウアザラシは、上野動物園と江ノ島水族館(現・新江ノ島水族館)にそれぞれ2頭ずつ寄贈された。

江ノ島水族館に寄贈されたのはオスとメスで、オスは「大吉」という愛称で親しまれ、ショーでも大人気であった。1977年に死亡したが、13年8ヶ月という国内最長飼育年数を樹立。体長4・61メートル、体重3トンにまで成長し、飼育下では当時世界最大の個体と記録された。

メス個体の「お宮」も大吉の2年後に死亡したが、この2頭のミナミゾウアザラシの本剝製と大吉の全身骨格は、長年、江ノ島水族館に展示され人気を博していた。現在は、私の職場である国立科学博物館に寄贈され、死亡後40年以上が経った今でも大人気であり、特別展でも目玉の一つとなる。

また、1995年にウルグアイからやって来たオスのミナミゾウアザラシも同水族館で「みなぞう」の愛称で親しまれ、「あっかんべー」などの芸風で一躍〝時の海獣〟となったことは記憶に新しい。この「みなぞう」は2005年に死亡、現在は骨の博物館（日本大学生物資源科学部博物館）に骨格が保管されている。

水族館では愛くるしい印象のミナミゾウアザラシであるが、野生のオスはとんでもなく気性が荒い。とくに繁殖期のメスを巡る闘いでは、相手を殺してしまうほどである。そこまでの死闘を繰り広げるのには、当然理由がある。この死闘を勝ち抜いたオスだけが〝ブル〟と呼ばれるニッチ（生態的地位）に就くことができ、数十から100頭以上のメスを独占してハーレム（一夫多妻制）を形成できるからである。負けたオスは、メスとふれ合う機会もままならず、寂しい一生を終えることが多い。

一見、メスを独り占めできたブルは「後生楽」に見える。しかし実際は、ブルにはブルたる所以の過酷な現実が待ち受けている。ブルになって有頂天でいられるのは束の間で、今度はその地位を維持するための闘いが始まる。ハーレムの周りには、ナンバー2、ナンバー3のオスが、虎視眈々とその地位を狙っており、ちょっとでも油断をすればブルの座を奪いにくる。

四六時中、周囲を警戒・威嚇しながらメスと交尾をし、少しうとうとする程度の睡眠をとったらまた周囲を威嚇する……の繰り返しでハーレムを保持していかなければならない。そのため、ブルは群れの一番目立つところにいることが多く、我々が観察するときにもブルは容易に識別できる。

もしも、ナンバー2のオスがメスにちょっかいを出そうものなら、すぐさま雄叫《おたけ》びをあげ、上半身をそそり立たせて闘いを挑む。基本的に、アザラシ類は鰭脚類の中で最も水中生活に適応したため、前肢は肘の部分まで毛皮で覆われている。このため、陸上では前肢で支えながら上半身を立たせることができない。

しかし、ゾウアザラシ類は例外で、オス同士が闘うときは上半身をそそり立たせ、胸からまさに体当たりの死闘を繰り広げる。ぶつかり合う音はそれはそれは凄まじく、静寂な海岸にドフッ、ドフッという音が響きわたる。

カリフォルニア州のサンフランシスコから南へ車で1時間半ほど行くと、アニョヌエボ州立公園（Año Nuevo State Park）がある。かつて、キタゾウアザラシを観察するために訪れた際、この死闘を見たことがある。ちょうど夕日を背に、まだ若いオス同士が波打ち際で、お互いの胸をバンバンぶつけ合っていた。

ガイドによると、まだ若い個体同士なので本気の戦いというよりは、本番へ向けての練習なのかもしれないとのことだったが、ぶつかり合う時の音は、高級スピーカーから聞こえるような腹の底まで響く音であった。その時に公園で購入したフリースベストの胸元には、キタゾウアザラシのシルエットのワッペンが縫い付けてあり、博物館での作業着として今も愛用している。

闘いに勝ち続けているブルの首元はいつも傷だらけ血だらけであるが、アザラシ類の首周辺には分厚い皮下脂肪が蓄えられていることから、よっぽどの一撃でない限り致命傷になることはない。

「かえってブルにならずに、のんびり暮らしたほうが、人生としてはラクじゃない?」そんなふうに思うかもしれないが、それでは自分の子孫を残せない。だからこそ、オスたちは命をかけてでもブルを目指すのである。

一方、メスはどうなのだろうか。ハーレムは完全にオスに支配され、メスの選択権がないように見える。メスの体はオスの4分の1ほどしかなく、巨体で力の強いオスに交尾を迫られると、拒否することはほぼ不可能である。

しかし、他の動物同様メスにとっては、より強いオスの遺伝子を残すことが最も重要なので、オス同士が勝手に闘い、一番強いオス自らが交尾しに来てくれれば、ふさわしい繁殖相手を探す手間が省けるというもの。ということは、交尾の主導権や選択権はやはり圧倒的にメスにあることになる。

そのため、オス同士の壮絶な闘いが始まっても、メスたちは昼寝をしたり、毛づくろいをして我関せず。死闘の末、これまでのブルが負け、新しいブルが誕生すると、すぐにそれを受け入れ、交尾する。自然界とは単純明快である。

オスがメスに同化する

生物の中にはきわめて謙虚なオスもいる。中でも、チョウチンアンコウのオスの謙虚さは度を超えている。メスにアプローチするどころか、メスがオスの存在を知らないのではないかと思う形で、こっそり交尾を遂げるのである。命がけの求愛を超えた、命をささげる求愛戦略といったところだろうか。

チョウチンアンコウは、アンコウ目チョウチンアンコウ科に属する深海魚の一種で、主な生息海域は大西洋といわれているが、日本近海を含む太平洋やインド洋でも捕獲された報告はある。いずれの場合も、熱帯・亜熱帯の水深200～800メートルの深海に分布していると考えられている。

生きたまま捕獲されることが少ないため、その生態は謎の多い深海魚だが、文字どおり頭にチョウチン（提灯）のような突起がついていることから、チョウチンアンコウの知名度は非常に高い。

チョウチンアンコウの最大の特徴である〝チョウチン〟は、正式には「誘因突起」

と呼ばれる器官である。誘因突起は背ビレの一部が伸びたもので、その先端には青白く発光する擬餌状体（釣りで使うルアー様のもの）が装備されている。

擬餌状体には発光バクテリア（発光する細菌）が常在し、その発光バクテリアの産生する発光液により、チョウチンに灯りがともり、獲物をおびきよせたり、近づいてきた獲物を驚かせて捕獲したり、さらには敵から逃げるときの目くらましに使ったりしていると考えられている。

ただし、こうしたチョウチンアンコウの姿はすべてメスの話で、オスとメスでは生態が大きく異なる。メスは体長40センチメートル程度で、かなりの

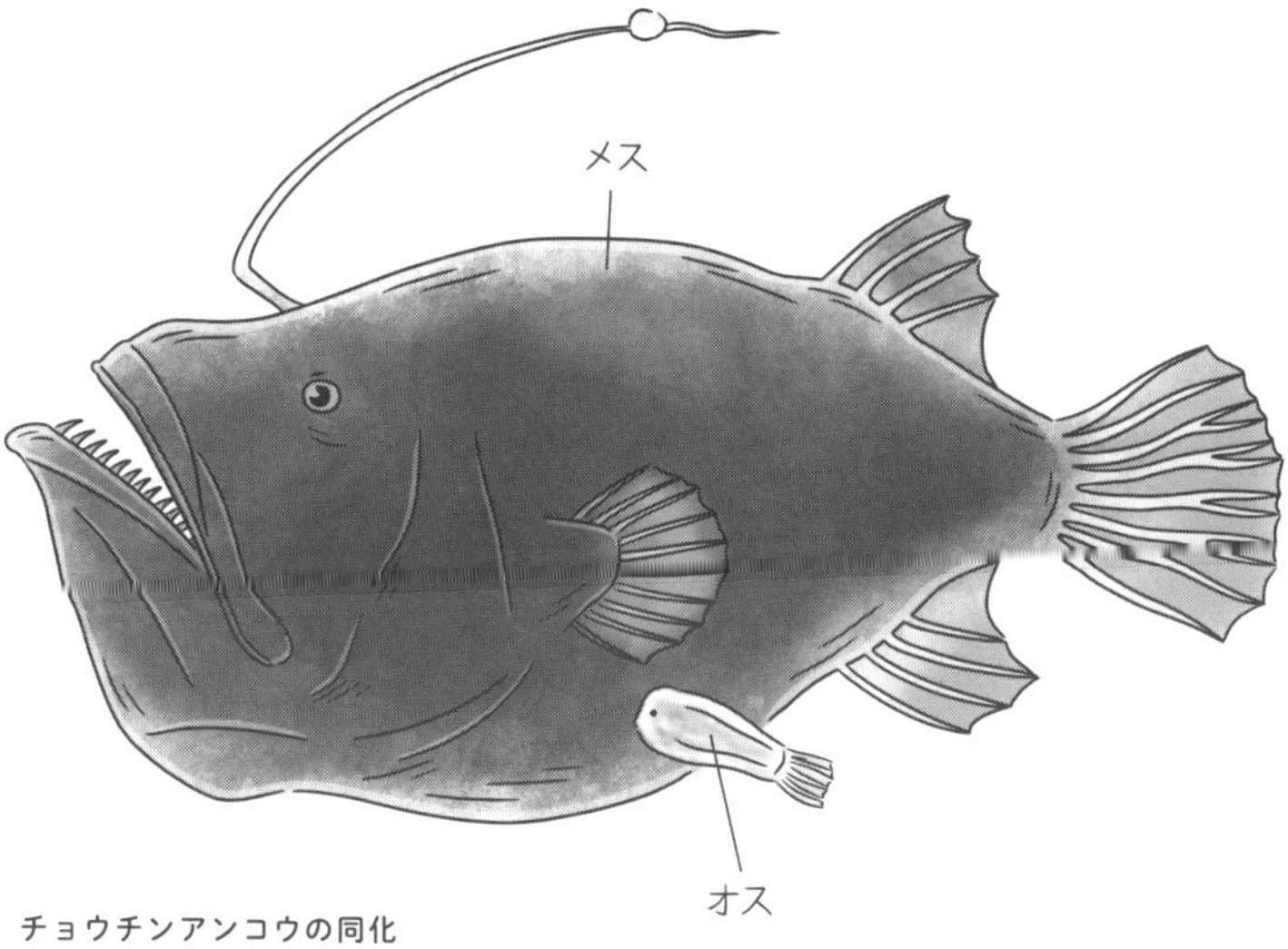

チョウチンアンコウの同化

強面《こわもて》をしており、丸身を帯びた体の表面にはイボイボ（トゲ）がたくさんある。一方、オスの体長はメスの10分の1程度。チョウチンアンコウのシンボルである頭の突起もなく、体表もすべすべでちょっと太ったメダカのような外見をしている。

メスだけがもつ頭のチョウチンの灯りは、真っ暗闇の深海でちっちゃなオスがメスを見つける手がかりにもなっているといわれている。わずかな光を頼りにメスを見つけたオスは「絶対に離れないぞ」とばかりにおもむろに腹部に噛みつく。

そして、自ら分泌する酵素によって自らの体とメスの体を合体させ、メスの血管から栄養を分けてもらいながら寄生し、やがてヒレを失い、目を失い、脳や内臓も消失して、メスの体に吸収・同化されていく。1匹のメスに十数匹のオスが寄生している場合もあるようで、最終的にどのオスも生殖腺（精巣）だけが残り、メスのタイミングで受精が完遂される。

結局、メスにとって必要なのは精子だけなのか——と切ない気持ちになる男性読者もいるかもしれない。もともと、メスのチョウチンアンコウの強面の顔のせいもあって、「オスが不憫だ」という声をよく耳にする。

しかし、見方を変えれば、メスは進化の過程で頭にルアーのついた釣り竿のような突起（チョウチン）を創り出し、それを使って毎日せっせとエサを捕獲している。これに対してオスはその生涯のほとんどを何もせずにメスに寄生して生きている。オスが求愛戦略として頑張るのは、メスを見つけて腹に噛みつくときくらいなのかもしれない。

そもそも、チョウチンアンコウのオスの姿を見ると、自力で生きていけるのか、と心配になる。それはそれで、長い進化の過程で、メスに寄生しその生涯を終えることを選択した最終型だとすれば、それがチョウチンアンコウのオスの戦略なのであろう。メスに同化して自分の子孫を残せるのであれば、生物としての責務は全うしたことになる。

いずれにしても、暗黒の深海で数少ない出会いのチャンスを生かし、メスもオスも子孫を残すことに力を尽くしていることは確かである。

東海大学海洋科学博物館（静岡県静岡市）には、静岡県の清水港で捕獲されたメスのチョウチンアンコウの標本が展示されている。50センチメートルにもなる大きなメスの腹に、約10センチメートルのオスが寄生している様子を見ることができる。興味のある人はぜひ訪れてみてほしい。

なお、チョウチンアンコウと一口にいっても、100種類を優に超える種が確認されており、その中でメスに同化してしまうのは20種類程度といわれている。

4章

イルカは逆子で産みたい

メスの繁殖戦略

イントロ

胎盤という、温かな戦略

恐竜が地球上で最も繁栄していたジュラ紀（約2億1300万年前〜約1億4550万年前）、私たち哺乳類は小さなネズミほどのサイズしかなく、地上の片隅で細々と生きるマイノリティな存在であった。

その後、恐竜が絶滅してから6600万年経った現在、地球上のあらゆる場所に生息できる動物として哺乳類は大繁栄に成功し、生物界のいわゆる勝ち組となった。この大繁栄に成功した最大のカギは、メスの体内に子を発育させるための胎盤を有したことにある。

これが、有胎盤類の繁栄の始まりである。それまで繁栄していた恐竜や爬虫類の場合、母親は卵を体外に産み落とし、成長に伴う面倒はほとんど見ない。その代わり、多くの卵を産むことで外敵から生き残る「数で勝負する作戦」をとった。

一方の哺乳類は、マイノリティな存在だった時代から、メスの体内に形成される胎盤で子どもを発育させる作戦に出た。その結果、母親は子ども（胎児）を胎内で発育させながら、自らの生活も営むことが可能となり、母子が共に移動できるようになった。

一度に産む子どもの数は、数で勝負する作戦に比べると圧倒的に減ってしまったが、外敵や天候などの外因リスクは激減し、少ない数の子どもを確実に育てることができるようになった。

環境変動や不測の事態が起こることもある。しかし、現在の地球を見渡してみると、あらゆる場所に哺乳類は存在し、圧倒的なニッチ（生態的地位）を獲得している。

哺乳類のオスが長い歳月をかけて繁殖にまつわる生殖器や生殖腺をモデルチェンジしてきたように、メスも子孫を残すために最も適した子宮や胎盤といった生殖器を選択してきた。さらに、それぞれの動物の生き方に合わせて、形や構造をさまざまに進化させている。

妊娠・出産を担えるのはメスのみである。交尾を終えた時から、メスの生物学的な孤独な戦いが始まるといってもいい。

最も単純な子宮をもつ者

人間と同じタイプの子宮をもつサル

日本では、サルといえばニホンザルの知名度が群を抜いて高い。サル目は霊長目とも呼ばれ、チンパンジーや森の人と呼ばれるオランウータン、ゴリラなどの類人猿のほか、私たち人間も霊長目である。霊長目のメスも、体内に子宮や胎盤をもち、子どもを育てる。

人間以外のサル目の多くは、主に熱帯から亜熱帯に生息する。ニホンザルのように雪の降る寒い地で暮らしている種は、じつはとても珍しい。生息地として有名な青森県下北半島は、サル目の生息域の北限にあたるため、ニホンザルの生態を解明することは、世界的にも重要なポイントとなっている。

サル目の生活様式は、種によってさまざまである。ニホンザルを含む多くのサルは複数のオスとメスで1つの群れをつくって暮らす。その他では、オランウータンのように母子以外は基本的に単独で行動する種や、ゴリラのように一夫多妻で群れをつくる種、一夫一妻様式で生活するテナガザルのような種も存在する。

また、チンパンジーは、ニホンザルと同様に基本的に複数のオスとメスで群れをつくるが、数頭または単独で行動する時間も長い。これはエサの奪い合いを防ぐためと考えられている。

サル目に共通する体の構造は、左右の目が顔の正面に位置していること、手足の指がそれぞれ5本あって親指との距離があること、脳がとても発達していることなどが挙げられる。目が顔の正面にあると身体の向きと連動して遠近感をとらえやすく、指を使ってモノをつかむときにも有利となる。さらに、3つの色を識別できる種も存在し、繁殖行動でも大いに活かされている（100ページ）。

そしてサル目のメスの子宮は「単一子宮」と呼ばれるタイプである。

受精卵（胚）の育つ「子宮」は、平滑筋と粘膜で構成され、哺乳類（カンガルーなどの有袋類を含む）の子宮は、構造や形態の違いによって次の5つに大別される。

1　単一子宮（霊長類、翼手類など）

2　双角子宮（有蹄類、食肉類、小型反芻《はんすう》類、鰭脚類など）（175ページ、180ページ）

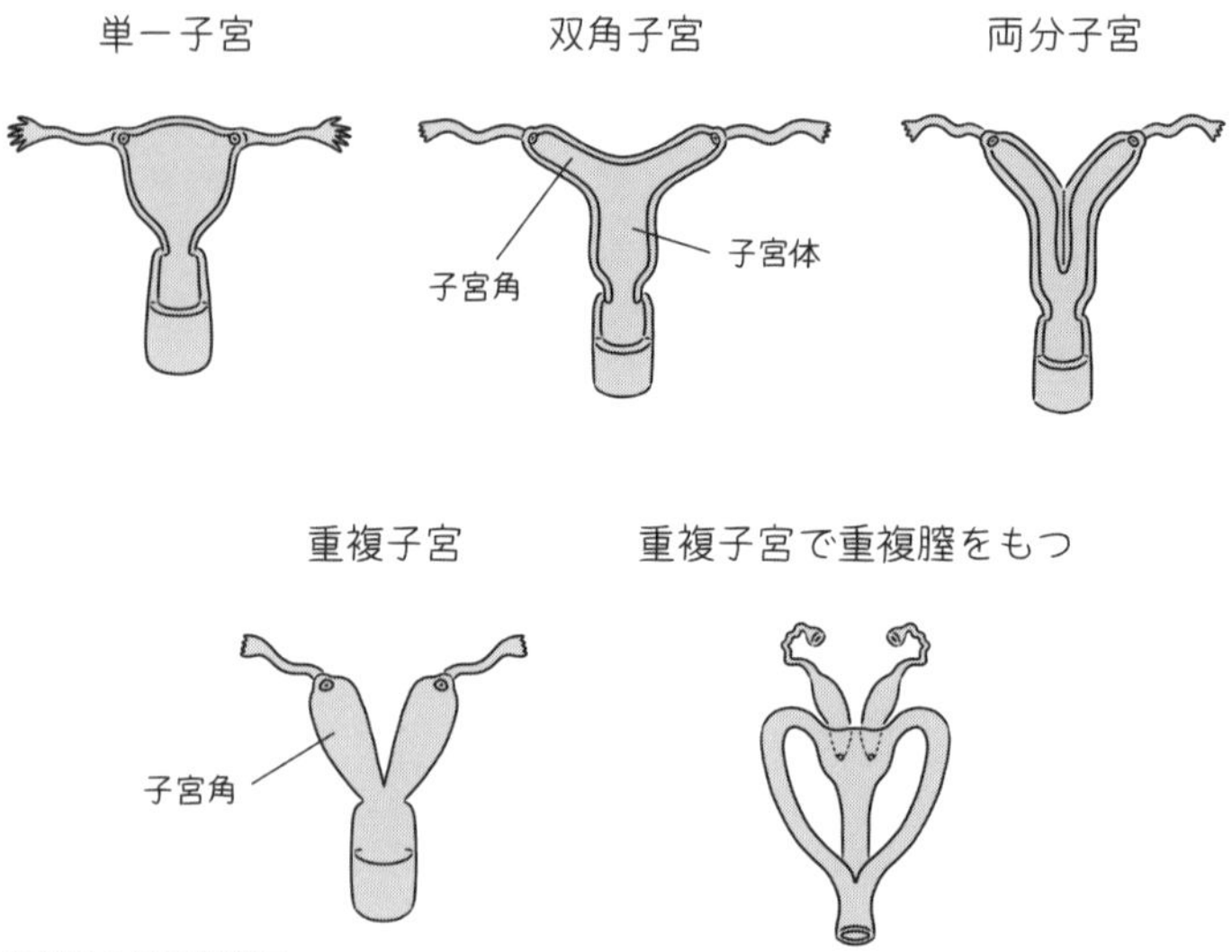

5種類の子宮模式図

3　両分子宮（鯨類、大型反芻類など）（178ページ）

4　重複子宮（齧歯類、ウサギ、ゾウ、アリクイなど）（182ページ）

5　重複子宮で重複膣をもつ（有袋類など）

サル目がもつ単一子宮は、図のように胎児の成長する場所は1ヶ所で、他の動物のように子宮角や子宮体といった区別がない最も単純な構造である。一度の出産に1頭の子どもを産む動物に多い。

もちろん、必ずしも1頭しか生まれないというわけではなく、人間も然りだが、双子やそれ以上の複数頭が生まれることもある。これについては184ページで改めて説明する。

空を飛ぶ哺乳類「コウモリ」

同じ単一子宮をもつ動物として、コウモリが挙げられる。コウモリは自由自在に空を飛ぶことから、海に生きる哺乳類同様、一見して哺乳類とはかけ離れた印象をもつ。コウモリは鳥のように羽毛で構成された翼をもつわけではなく、前足に皮膚を変化させた「皮膜（飛膜）」を張り巡らして飛ぶことを可能にした。子宮をもつという特徴からしても、れっきとした哺乳類であり、正確には「哺乳綱翼手目」に分類される。

ちなみに、同じ哺乳類のムササビやモモンガにもこの皮膜（飛膜）があるが、こちらは自ら飛翔するのではなく、風の抵抗を利用して滑空する。

日本に生息するコウモリは約35種が知られており、超音波を利用したエコロケーション（反響定位）を使って周囲の状況を把握し、エサを探す。夕方になると、公園や軒下を盛んに飛び回る黒い物体を目撃したことのある方も少なくないであろう。

幼い頃、初めてその光景を見た私はひどく怯えた。飛ぶといえば鳥の特権であり、鳥は多くの童謡で歌われているように、日暮れになると山や巣に帰る。それは暗くなると目が見えにくくなるから、というのが幼い頃の私の知識であった。

鳥と同様、日暮れギリギリまで公園で遊ぶのが私の常であった。夕方になり、ああ、鳥さんもお家に帰るのだから私もそろそろ……と帰りかけるころに、やけに活発に飛び回っている動物がいるではないか。当時、ドラキュラという存在が怖くてたまらなかった私は、ドラキュラと共にいつも登場するこの不気味なコウモリを見てひどく怯えたものだった。

一方、コウモリは、日本や台湾などでは益獣として重宝されたり、幸運の象徴として親しまれてきた歴史もある。実際に、私が台湾の南西に位置する第二の都市・台南市を調査で訪れた時、コウモリをモチーフにした家紋やお札があちこちの家の軒先に祀られていた。聞くところによると、家を守ってくれる神様として崇《あが》められているそうだ。

また、コウモリの顔つきはブチャ可愛い種が多く、不気味なイメージというよりは、イラスト化されたりマスコットになったりする例も多く、一部の人には絶大な人気がある。

エコロケーションといえば、海に棲むハククジラ類も行っている。それもあって大人になった現在では、怖がっていた過去もなんのその、それだけでコウモリ類に親近感を覚えるようになっている。

ただし、コウモリ類のエコロケーションは、私たち人間と同じ声帯（声門）から超音波を発しているのに対し、ハクジラ類は、鼻の奥にある鼻声門を活用しているところが違う。

サル目と翼手目が、なぜ同じタイプの子宮を選択しているのかについては、進化の過程でそれぞれが獲得した形質であり明快な解釈は難しい。

単一子宮は、5種類の子宮の中でも最も単純な構造であり、基本的に1頭の子どもを子宮内で成長させる戦略が共通している。

単純と聞くと、工夫や戦略がない印象をもたれるかもしれないが、逆に単純であるからこそ長年にわたって維持できていると捉えることもできる。

私たちと同じ子宮をもつコウモリ類に対し、幼い頃の怖い思い出は瞬く間に払拭され、ますますコウモリ類に親近感を覚えるようになっている今日この頃である。

大きく育てて1頭を産むウマ

難産になっても大きく産む理由

ウマの出産シーンを初めて見たのは、『ムツゴロウとゆかいな仲間たち』（フジテレビ系列、1980〜2001年放送）というテレビ番組であった。当時の動物好きなら、誰しも一度はムツゴロウさんへ憧れを抱いたものだが、もれなく私もその一人だ。「ムツゴロウさん」というのは愛称で、動物研究家であり作家でもある畑正憲氏のことである。1960年代から動物に関する著書を多く出版し、北海道に「ムツゴロウ動物王国」を開園すると、その様子を取り上げたテレビ番組が大人気となった。

私がテレビで見たのは、おなかの中にいる子ウマが逆子で、母ウマが自力で出産するのが難しい場面だった。ムツゴロウさんをはじめとした動物王国のスタッフが、母ウマの膣内に躊躇《ちゅうちょ》することなく手を突っ込み、子ウマの脚にロープを巻きつけ、汗まみれになりながらロープを引っ張って出産をアシストする。そして、生まれてすぐに

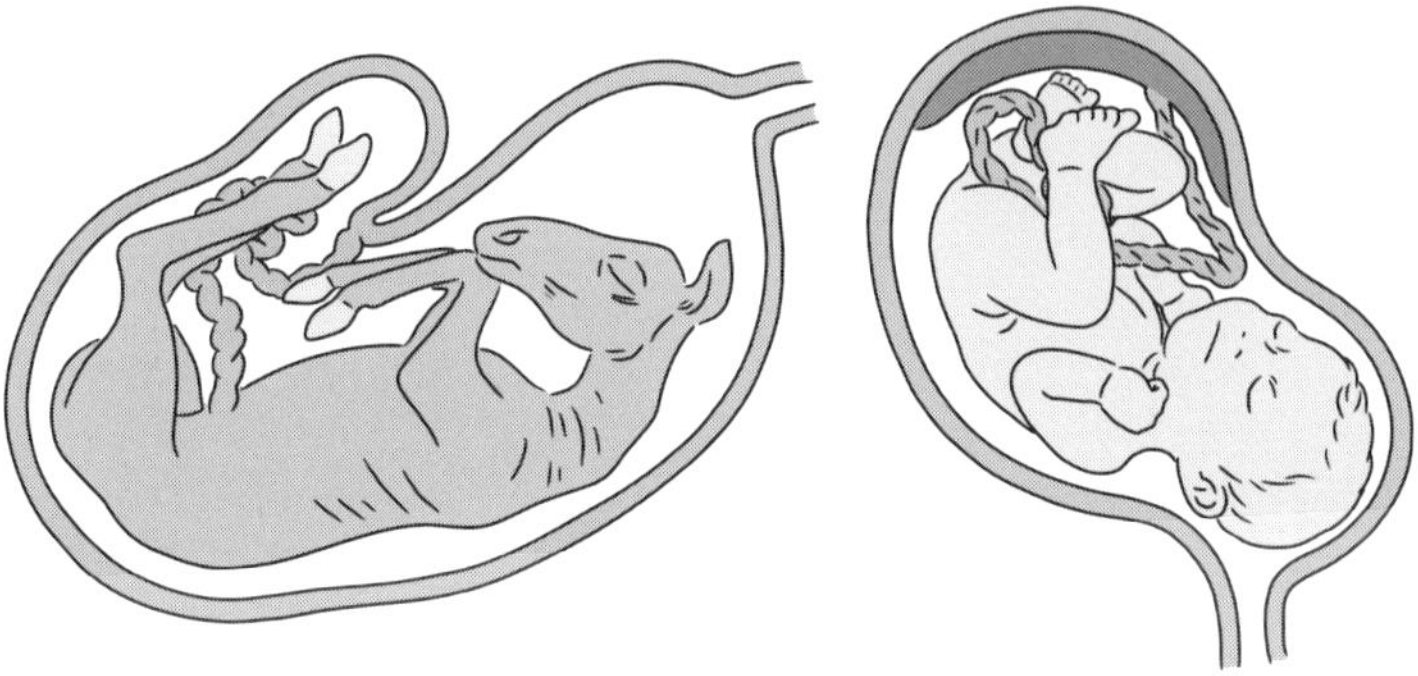

子宮内のウマの胎児（左）とヒトの胎児（右）

必死で立ち上がろうとする子ウマの姿に何より感動したのを覚えている。子どもだった私には、奇跡としか思えない光景の連続であった。

ウマの妊娠期間は330日ほどで、出産時の子ウマの体重は50キログラム程度。人間の成人女性並みである。そんなに大きくなるまで、赤ちゃんをおなかの中に抱えているのだから母親の負担も相当なものだろう。

奇蹄類に属するウマは、一度の出産で基本的に1頭の子どもを生む。子宮の中で1頭の子どもを出来るだけ大きく成長させてから出産したいため、広いスペースが確保できる「双角子宮」（169ページ）をもつ。

哺乳類の中でも、このタイプの子宮を有する種が一番多い。

　双角子宮は、左右に角のように伸びる部分があり、これを子宮角という。この子宮角が二股に分かれていることから双角子宮と呼ばれている。子宮角が存在すると、胎児が発育できる場所が格段に広がる。そのため、サル目のような単一子宮に比べ、双角子宮をもつ動物はより大きくなるまで胎児を子宮内で成長させることができる。

　ウマのように双角子宮内で胎児が育つ場合、左右に2つある子宮角のどちらかに受精卵が着床し、発育する。排卵は左右の卵巣から交互に行われるため、たとえば、左の卵巣から排卵された卵子が受精して受精卵になると、左子宮角に着床して胎児が育っていく。

　このとき他方の子宮角は、胎児を成長させるための胎膜が広がる。胎膜は胎児を包む膜のことで、胎児の栄養補給や排泄物の処理、さらに胎児を浮遊させるための羊水が溜まる腔を確保するなど、胎児の生命維持活動に欠かせない役割を果たす。

　前述したように、なぜここまで胎児を大きく成長させてから出産する必要があるのかというと、ウマを含む草食動物は常に肉食動物に狙われる危険を秘めており、妊娠・出産時のメス、さらには生まれたばかりの新生児は格好の標的となるからだ。

　そこでウマを含む草食動物は、生まれてすぐに立ち上がって母乳を飲み、母親の後

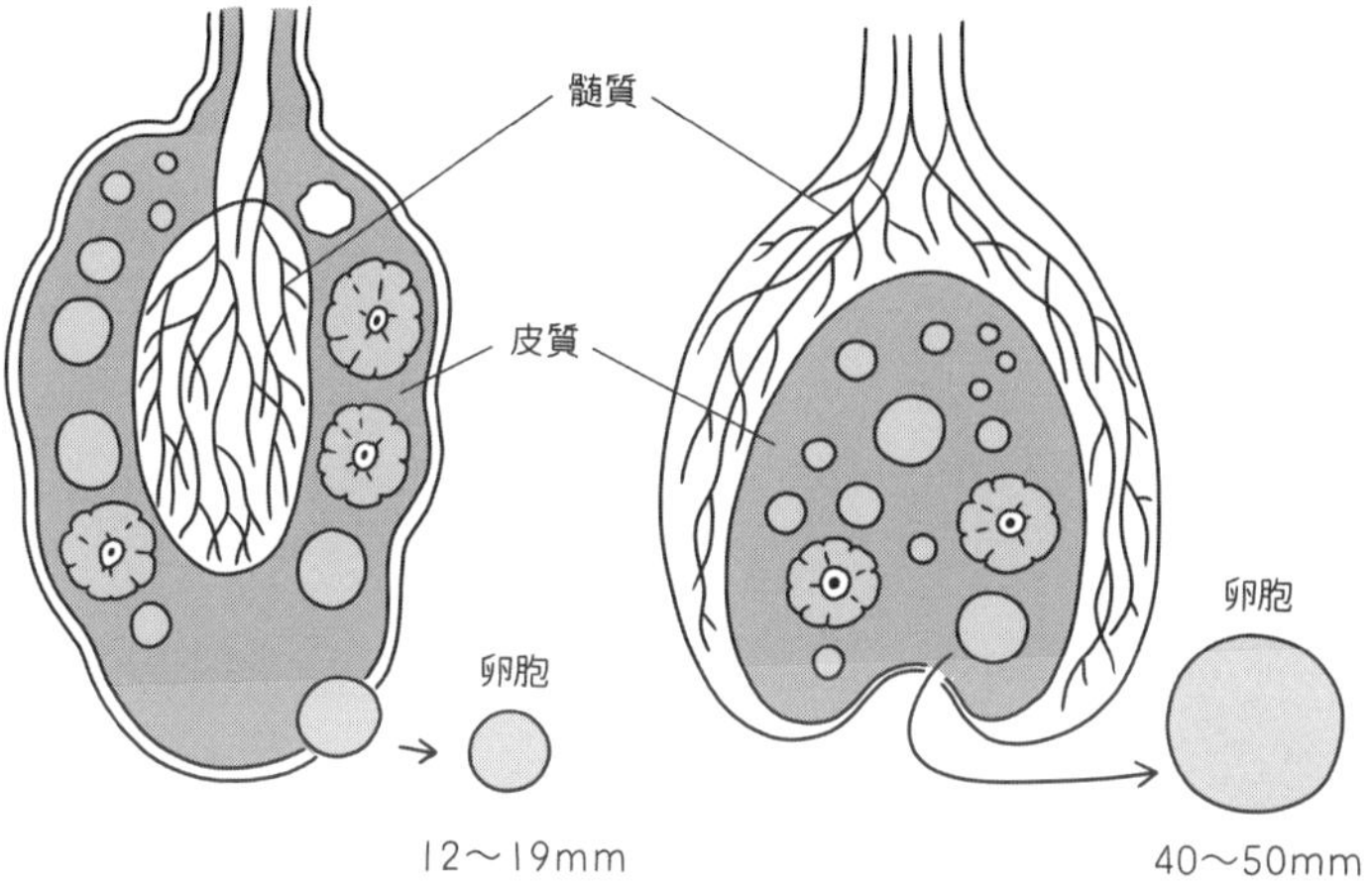

ウシ（左）とウマ（右）の卵巣の違い

を自力で付いて歩ける段階まで子どもを体内で発育させ、出産する戦略が必要だったのである。

実際に生まれたばかりの子どもは、おぼつかない足取りであるが、確実に母親の後を必死で付いていく。生まれてすぐに母親の後を追えるだけの脚力と持久力を兼ね備えているのだからあっぱれである。

ちなみに、ウマの排卵は他の哺乳類とちょっと違っていて面白い。一般的に、卵巣は二層構造になっており、外側に皮質、内側に髄質と呼ばれる層がある。排卵はこの外側の皮質にある卵胞が発育することで起こる。

しかし、ウマはどういうわけか、この皮質と髄質の層が逆転しており、皮質が内側にある。内側にある皮質の卵胞から、他の哺乳類よりもきわめて大型の卵胞が発育し、外側の髄質にできた排卵窩《はいらんか》と呼ばれる部位から排卵する。なぜウマがこのような特殊な構造をもっているのかは、わかっていない。

卵胞の大きさを実数値で比べてみても、サラブレッド種は直径約40～50ミリメートル、ウシは約12～19ミリメートル、人間は約20ミリメートルなので、やはりウマの卵胞が破格の大きさであることがわかる。

クジラの妊娠はなぜか左側

鯨偶蹄目に分類されるクジラ類も、基本的に一度に1頭（まれに2頭）の子どもを妊娠・出産する。多くの偶蹄類同様に、双角な子宮をもつ。

ただ、左右の子宮角が分岐する部分に中隔（子宮帆）が存在するので、解剖学や繁殖学では、双角子宮と区別するために「両分子宮」（170ページ）と呼ぶ。子宮帆があるため、双角子宮と比べて、それぞれの子宮角がより独立する形になる。

クジラ類も他の哺乳類同様に、左右の卵巣から交互に排卵が行われるが、なぜか妊娠は左の子宮角が多い。胎児を包む胎膜はウマと同様、右の子宮角まで広がり、胎児の成長に寄与する。

なぜ、左の子宮で妊娠することが多いのか。種は異なるが、鳥類の卵管も右は早々に退化して左側しか残らない。いまだ明確な答えはないものの、脊椎動物には、左が優位に働く遺伝的法則があるのだろうか。

クジラたちは、子宮内で成長する時から、彼らなりのさまざまな工夫をしている。彼らが海で生きるために獲得した尾ビレや背ビレは、いわば「突起物」である。これらのヒレが起立したまま成長すると子宮内で邪魔になるため、体にピトーッとくっつくように根元から折れ曲がったまま成長する。そして生まれた後、遊泳を開始すると根元からピーンと立ち上がり始める。

また、流線形の細長い体は、子宮の形に合わせて湾曲して収まり、その結果、体表に等間隔のシワができる。人間の赤ちゃんの手首や足首にも、皮膚のよれによるシワ状ができることがあるが、見た目はあれに近い。

これは在胎痕（Fetal fold）と呼ばれ、生後数ヶ月間は、シワや線状の痕が体表に残っているため、新生児かどうかを判別する目安にもなる。

一度にたくさん産むウサギ

多産動物の驚くべき工夫

イヌやオオカミ、キツネなどイヌ科の動物は、基本的に多産であり、一度に1～16頭の子どもを産む。このように複数の子どもを同時に出産する哺乳類も「双角子宮」をもつ種が多い。

双角子宮は、ウマやクジラのように大きな胎児を1頭育てるだけでなく、一度に複数の胎児を育てるのにも適している。ここで、ふと疑問が湧く。複数の受精卵（胚）が子宮に着床するとき、位置はどのように決定されているのか、である。

じつは、まるで受精卵同士が示し合わせたかのように、ほぼ等間隔に子宮内に着床する。学生時代、獣医繁殖学の授業でこの事実を知ったとき、とても感動した。

「おまえちょっと寄りすぎだから、もう少しあっち行ってくれよ」

「ああ、私だけ離れちゃった……。栄養がこっちまで回ってこないかも」

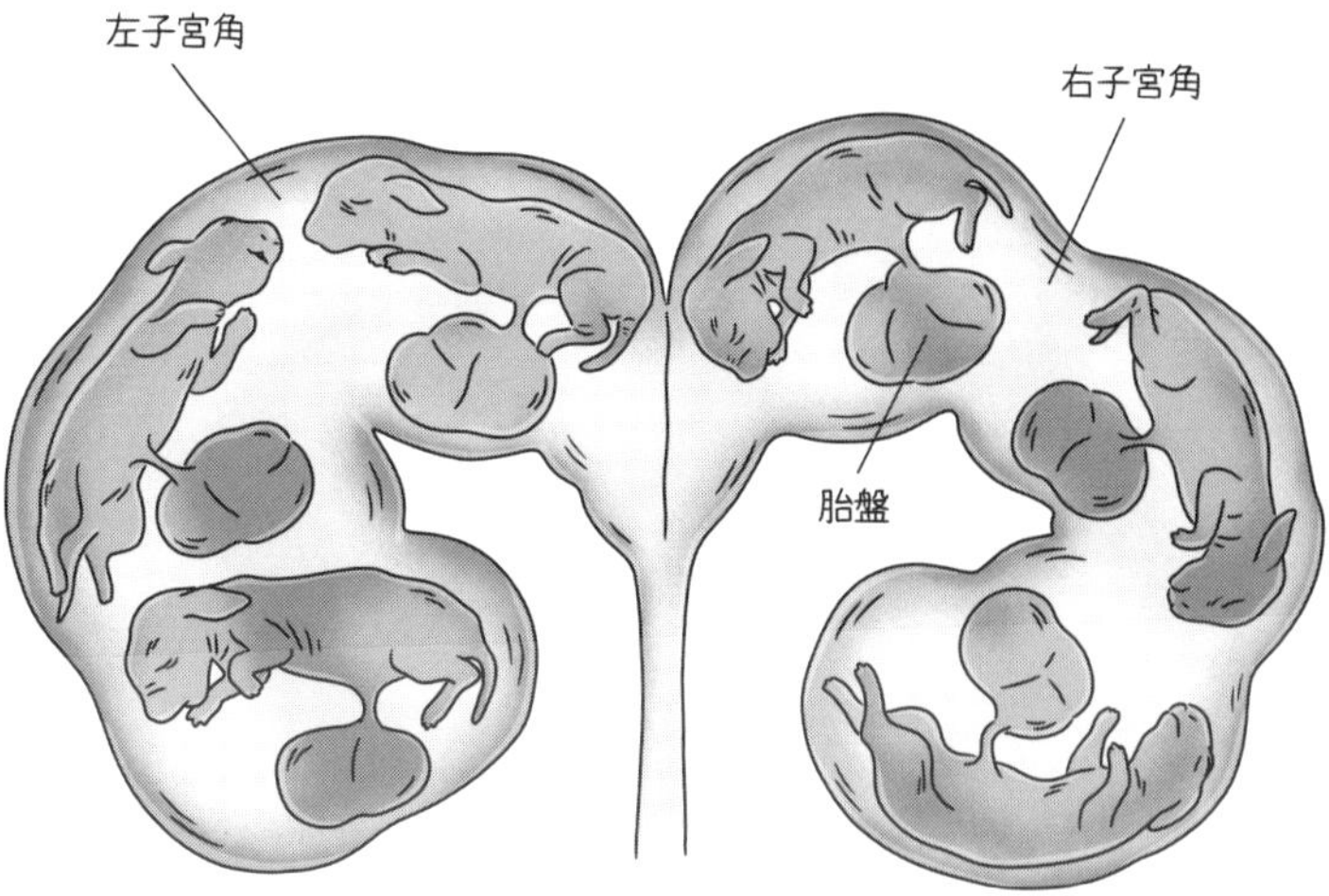

スペーシングの様子

これは完全に私の妄想だが、胎児の間でそんな場所取り合戦が行われているのかと思いきや、受精卵が着床する段階で見事に整然と並ぶのである。この現象を「スペーシング（間隔どり）」と呼ぶ。

受精卵同士が一種の化学物質を出しながら、お互いの距離感を保つよう生理学的にプログラムされているのだ。まさに生命の神秘である。

イヌ以外にも身近な動物では、ブタやネコも多産で、種によっては10頭前後の子どもを産む。そのため、イヌ同様、広さを備えた双角子宮とスペーシング機能をもっている。

繁殖能力が高いとはどういうことか

ウサギは、哺乳類の中でも繁殖能力がとても高い。実際に、愛玩動物の2匹のウサギが、わずか2年で200匹以上に繁殖したというニュース記事を目にしたこともある。

ウサギ目のメスは、生後半年も経たないうちに妊娠可能となり、15日前後の発情期と1~2日の休止期を1年中繰り返す。交尾後はわずか1ヶ月で4~8匹の子どもを出産し、さらに出産直後に交尾して再び妊娠したり、妊娠中に新たに妊娠する重複妊娠も可能である。

とにかく繁殖能力が高いのだ。ウサギ目も、ネコ科と同じように交尾の刺激によって排卵する「交尾排卵」（144ページ）であり、これも繁殖能力に関係しているのかもしれない。

ウサギの子宮は「重複子宮」（170ページ）と呼ばれるタイプで、双角子宮（両分子宮）の一種である。左右の子宮角が両分子宮よりもさらに独立しているため、2つの子宮口（子宮頸部）がそれぞれ膣に連絡している。子宮体は存在しない。

多産という生存戦略を選択したウサギ目の場合、なるべく多くの受精卵を着床・発育させるために、長い子宮が必要だったともいわれている。さらなる多産で知られるネズミ科の動物も同様の重複子宮をもつ。

ハツカネズミは、齧歯目ネズミ科ハツカネズミ属の一種である。成体の体長は5～9センチメートルほど、尾長は4～8センチメートルになり、体重は20グラム前後でネズミの中でも小型の部類である。野生種の体色は変異に富み、白色から茶褐色、黒色などバリエーションがある。

ハツカネズミの名前どおり、妊娠期間はわずか20日間。出産可能になるのも他の動物に比べて早く、生後10週前後で妊娠可能となる。1回の出産で6～10頭もの子どもを産み、まさにネズミ算式に子どもが増える。

繁殖時期は基本的に春と秋だが、通年の繁殖も可能だ。そのため、メスは生まれてから死ぬまで、人生ならぬネズミ生のほとんどを繁殖に捧げることになる。それは、ハツカネズミの寿命がとても短いことにも由来する。

彼らの寿命は、人の手が加えられた環境下で1～2年、野生下では4ヶ月ほどである。メスは生を受けた時からそれを全うするまで、とにかく子をつくり続けるのである。

他方、ゾウやアリクイなど、基本的に一度に1頭の子どもを出産する動物の中にも、重複子宮をもつ動物は存在する。

双子が生まれるしくみ

一度にたくさんの子どもを産む動物は、広いスペースを確保した双角子宮（またはそれに類する子宮）をもち、子宮角に受精卵が一定の間隔で着床する。

一方、人間のように単一子宮をもつ動物も、双子や三つ子、五つ子が生まれることがある。この場合、受精卵はどのように子宮内に着床し、胎児が育つのだろう。

人間の双子の場合、「一卵性」と「二卵性」に大別できる。

一卵性では、1つの卵子と1つの精子からつくられた受精卵が分裂し、2つの受精卵になる。ほぼ100％同じ遺伝子情報をもち、胎児は性別や血液型も同じになる。

受精卵が分裂する時期によって、胎盤や胎膜の形は図で示した3つ（図a・b・c）のうちのいずれかになる。

これに対して二卵性は、2つの卵子にそれぞれ別の精子が受精して2つの受精卵がつくられる。受精卵はそれぞれ子宮に着床したのち、別々の胎盤と胎膜（図c：二絨《じゅう》毛膜《もう》二羊膜）で育つ。

遺伝子は平均して50％同じで、胎児の性別や血液型は同じ場合、異なる場合のどちらもある。

双子やそれ以上の子どもが生まれる場合、他の動物と同様に子宮内ではおそらくス

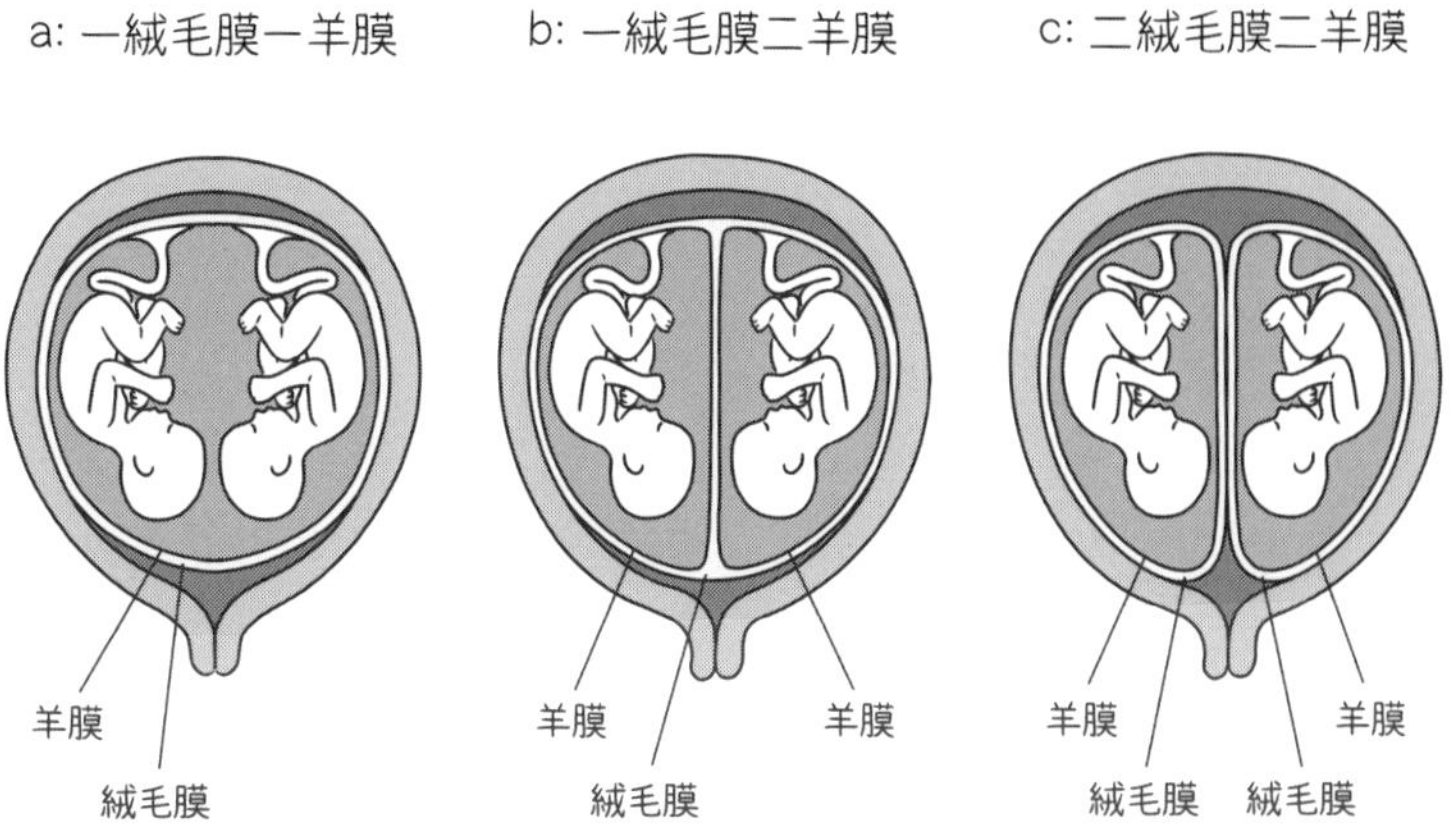

双子が育つしくみ

ペーシングが行われているのだろう。それがうまくいかなければ、受精卵が着床できなかったり、流産の原因になる可能性もある。

　人間は他の動物と比べると、それほど大きな子どもを産むわけではない。実際、生まれたばかりの赤ちゃんは、自力でお母さんの後をついていけるだけの脚力も体力もない。それでも妊娠期間は十月十日といわれるように、比較的長い。

　なぜ、人間がこのような戦略をとっているのか、とても興味深い。

人間はなぜ難産になりやすいのか？

結びつきが強い胎盤の利点

受精卵が子宮壁に着床すると、子宮と胎児の間には「胎盤」と呼ばれるものがつくられる。この胎盤こそ、我々哺乳類が獲得した形質の中で最大の功績であり、ここまで繁栄できた最大の戦略であるといえる。

胎盤は、母体側の子宮由来の膜（基底脱落膜）と胎児由来の膜（絨毛膜有毛部）が結合することでつくられ、胎児の生命活動を支える。胎盤と胎児は臍帯《さいたい》（尿膜管の遺残と血管の集合体）で連結し、母体から胎児へ栄養分や酸素が送られ、胎児から母体へ老廃物が渡される。

臍帯の痕跡が、我々のおなかの真ん中にある〝おへそ〟である。幼い頃、おへそを出したまま寝ていると、祖母に「雷様の大好物だから取られちゃうぞ」と脅されたりしたものだ。

また、おへその中を興味本位でほじって、おなかが痛くなった経験はないだろうか。臍帯がなくなった後も、おへそとおなかの中は繋がっているので、おへそに刺激が加われば当然、おなかの中に伝わってしまうのだ。

おへそと繋がっていた胎盤は、成長する胎児を子宮内で支える役割も担い、胎児の成長を補助する。胎盤自体がホルモンを分泌し、妊娠を正常に維持する役割も担っている。

胎盤は、構造によって「盤状胎盤」「帯状胎盤（189ページ）」「多胎盤（192ページ）」「散在性胎盤（194ページ）」の4つに分けられる。

このうち、サルや私たち人間を含む霊長類の胎盤は「盤状胎盤」である。

盤状胎盤は、子宮の一部に丸く盤状に形成される。他の胎盤より、胎児に対して占める面積は小さいものの、母親と胎児の結合は最も密である場合が多い。じつは、この母親由来の膜と胎児由来の膜の結合にも5つのタイプがある。ヒトを含む高等霊長類は、血（母親由来の血液）－絨毛膜有毛（胎児由来の絨毛）という一番密な結合をつくるタイプのため、妊娠中の流産のリスクは比較的低い反面、出産時に胎盤が剝がれるのに時間がかかり、胎盤の剝離による出血量も多い。

なにせ、母体の血液の中に胎児の絨毛が入り組んで結合しているのである。胎盤が

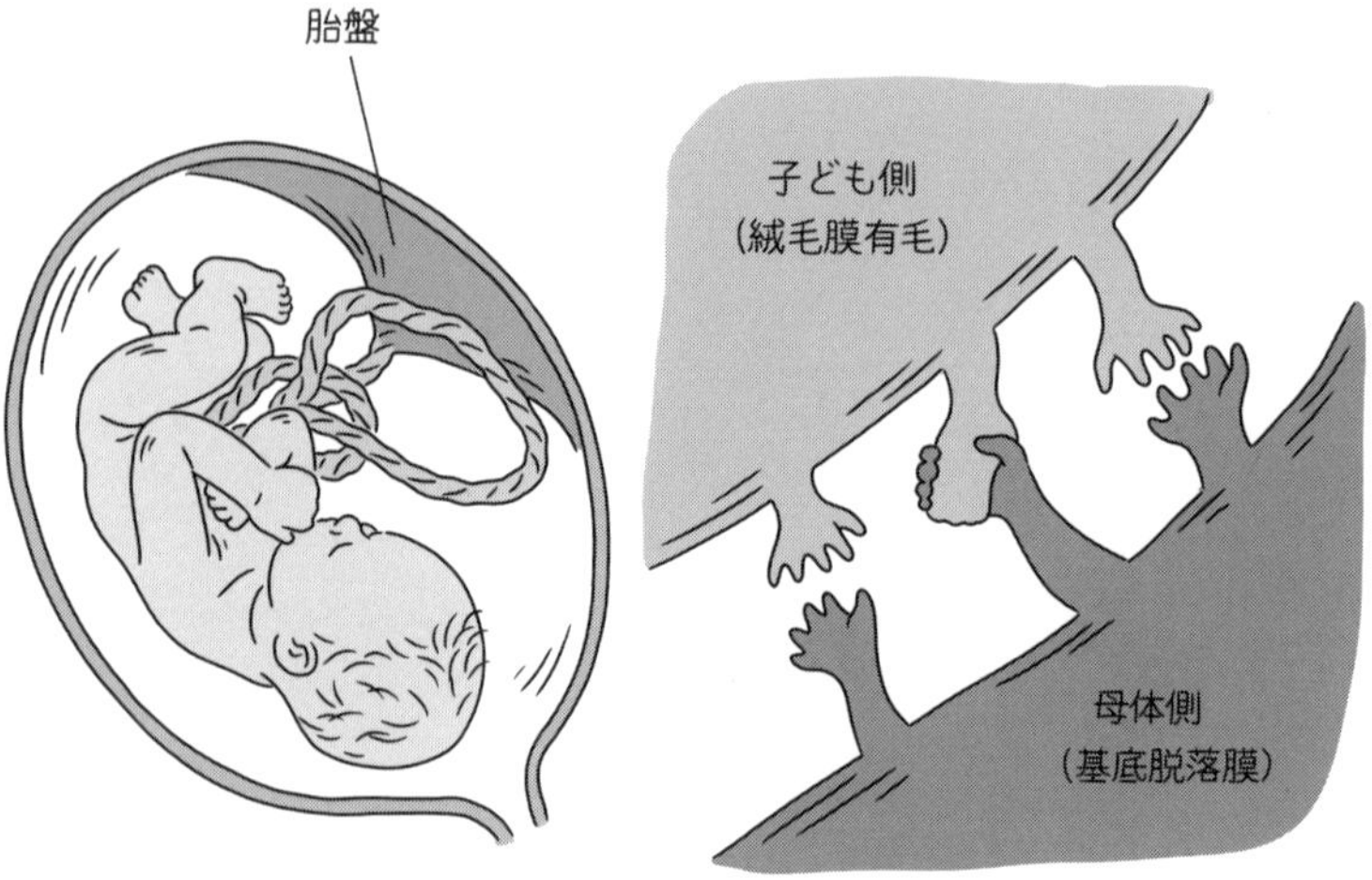

ヒトの盤状胎盤と密な結合イメージ

剝がれるときの子宮のダメージも甚大で、難産になることも多い。産後、このタイプの結合をもつ動物の親子関係は密接で、ある程度の期間をかけて子育てを行う傾向がある。

また、盤状胎盤をもつ動物たちは、食物連鎖の上位であったり社会性をもつものが多く、たとえ難産で出血が多くても、仲間同士で助け合い、守り合うことができる。出産にある程度の負担や時間がかかっても安定して胎児を育てられる環境にあるため、結合の密な胎盤を維持し、少数の子どもを確実に産み、育てる戦略を選択できたのだろう。

意外なことに、多産のネズミやウ

サギなども盤状胎盤をもち、最も密な結合タイプを示す。ネズミもウサギも外敵に襲われやすく、出産に時間はかけられないはずである。

ただし、多産で妊娠期間も短い繁殖サイクルを選んでいることから、短時間で効率よく胎児が成長するためには、ある程度のリスクはあるものの、このタイプの胎盤と密な結合を選んでいるのかもしれない。

出産に時間がかけられる理由

出産に比較的、時間のかかる身近な動物として、イヌが挙げられる。イヌの胎盤は「帯状胎盤」というタイプで、胎膜（漿膜《しょうまく》、羊膜、尿膜で構成）の中央部分を帯状に1周して形成される。たとえるなら俵型のおにぎりに、くるっと巻かれた海苔のようである。

帯状胎盤は、イヌを含む食肉類に見られる胎盤で、胎児は帯状の胎盤でしっかり包まれ、とても安定した状態で成長できる。安産祈願のために「戌の日」にお参りする風習は、安定して妊娠を維持しやすいイヌにあやかっている。

その半面、胎盤と胎児が離れにくい内皮－絨毛膜という比較的密な結合であるため、こちらも出産に時間がかかるとともに出血も多く、母親の負担は大きい。このタイプ

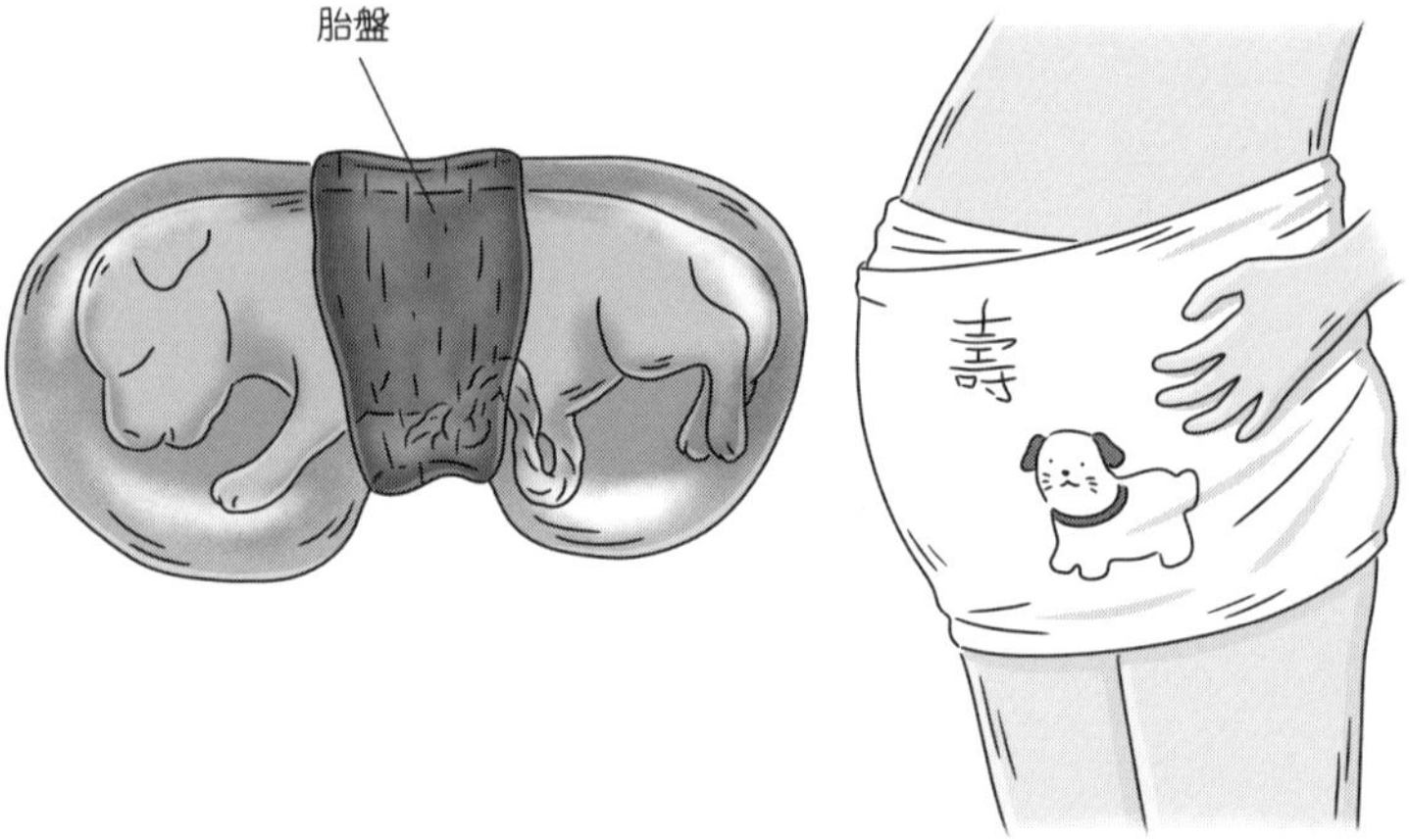

イヌの帯状胎盤と戌の日の腹帯

の胎盤をもつ食肉類は、ライオンやトラなどのように食物連鎖では上位に位置する動物が多い。そのため、比較的安全な環境下で妊娠・出産を迎えることができる。

海に視点を移してみると、アシカやセイウチ、アザラシなどの鰭脚類、ジュゴンやマナティなどの海牛類も帯状胎盤で、比較的密な結合を有している。彼らも高度な社会性をもった動物で、多少難産であっても、それを乗り越えられるだけの仲間や環境が整っているといえよう。

ちなみに、月経（生理的発情に関係なく周期的に排卵し、子宮内膜が剥離・脱落するシステム）があるのは、人間のほかに、一部の霊長類や翼手類に限られる。ほとんどの動物には、月経というものがない。

たとえばネコ科動物が選択した交尾排卵のように、交尾した瞬間に排卵すれば受精率は上がるのではないか。また、人間も季節性に排卵すれば、毎月あの鬱陶《うっとう》しいものに悩まされることもないのでは……。

それでも人間は毎月、定期的に排卵する。ヒトをはじめとする一部の動物に月経が備わった理由は諸説あるものの、遺伝的に問題のある受精卵が着床した場合、子宮内膜を脱落させて、淘汰できるしくみとして進化したという説が最も有力のようである。

古代ギリシャの医師であったヒポクラテスは、月経とは、健康を維持するために体内の有害物質を排出する現象と説いていたという。現在では、月経血中に多数の炎症性物質（サイトカインなど）が確認されていることから、月経は子宮及びその周辺部に繰り返しもたらされる生理的な炎症反応と理解されている。

月経とは、より優れた受精卵を着床させるよう進化し適応した結果であり、ホルモンの分泌をはじめとする女性の体を健康に保つためにも不可欠なしくみといえよう。

イルカは逆子で産みたい

剝がれやすい胎盤の利点

ウシのような草食動物は、野生下では常に外敵への警戒を怠らないが、出産時にはどうしても狙われやすくなる。出産時に流れ出す血液や羊水のニオイを嗅ぎつけて、肉食獣のライオンやハイエナなどが近づいてきたら、生まれたての新生児ともども一巻の終わりである。

そこで、草食動物の多くは、出産後すぐに胎盤や胎膜を食べてニオイを消すとともに、するっと短時間で出産できる胎盤様式を獲得した。その一つが「多胎盤」である。多胎盤は、ウシを代表とする反芻類に見られる胎盤で、胎膜に小さな胎盤が70～100個ほど分布している。

他の哺乳類では、胎盤が一続きの構造をしているため、何らかの原因で胎盤の一部が剝がれると連動して全体が剝がれてしまい、胎児の命が危険にさらされる場合があ

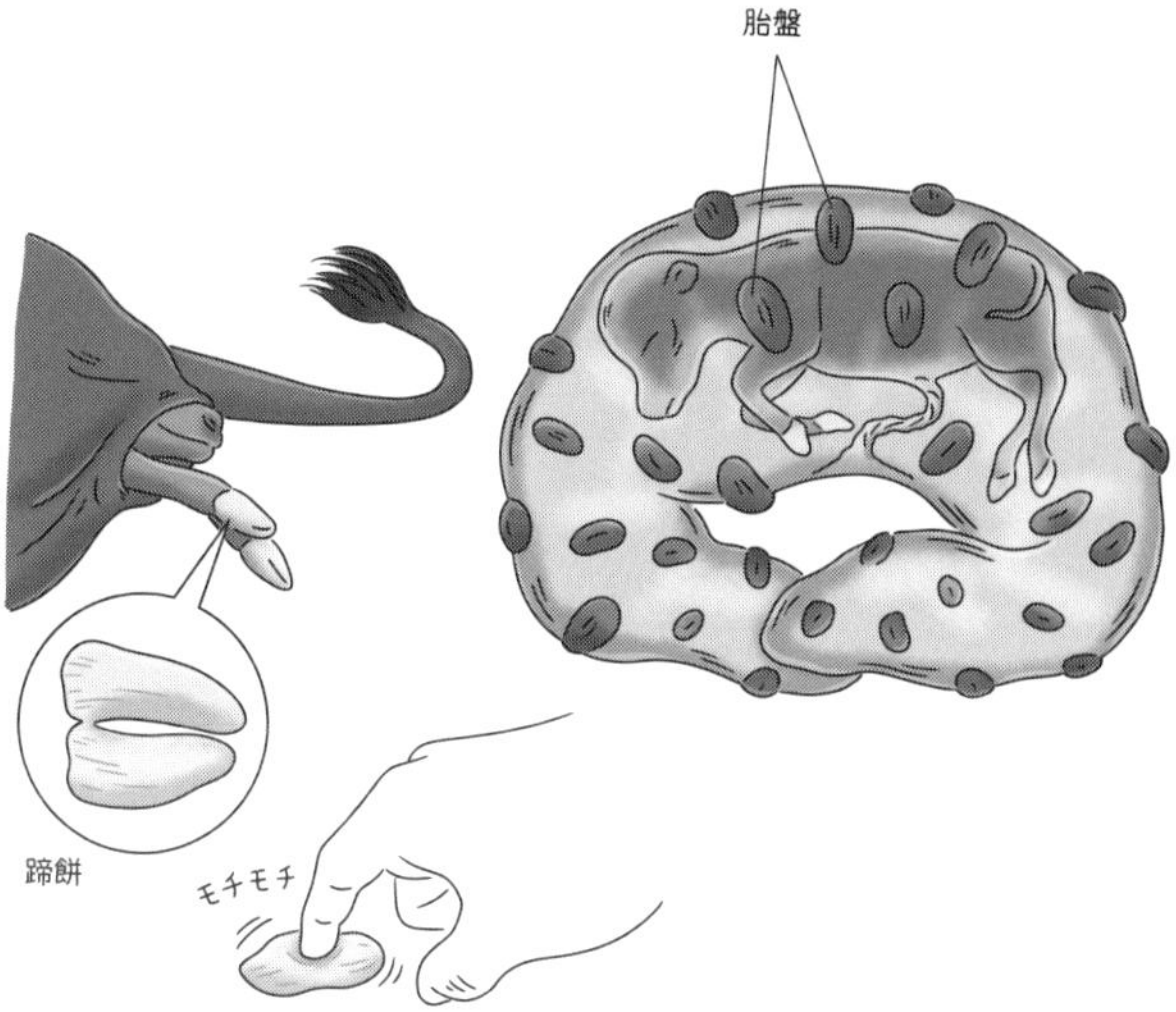

ウシの多胎盤と蹄餅

る。一方、多胎盤では、小さく独立した胎盤がいくつも存在するため、出産前にそのうちの数個が剝がれたとしても、残りで補うことができる利点がある。

そして、いざ出産というときには、胎盤が剝がれやすい比較的緩い結合様式のため、母親の負担も軽く、出血やニオイを最小限に抑えながら産むことができる。

さらに、蹄をもつ有蹄類では胎児にも特別な工夫が見られる。有蹄類の蹄は、人間の爪とほぼ同じ成分がギューッと凝縮して分厚くなったものである。強靭なうえに、硬く鋭い。

そんなものが母体の中で胎児の成

長とともに完成してしまうと、産道や子宮が傷だらけになってしまう。そこで、胎児のときは蹄の先端が柔らかくなっており、これを「蹄餅《ていぺい》」という。

触感は餅のようにプニュプニュしており、この部分がクッションになって母体を傷つけることなくスムーズに産まれてくるのである。蹄餅は、生まれてから歩行を開始するとすぐに剝がれ落ち、本来の硬い蹄が現れる。

こうした細やかな進化は、いつ出来上がるのだろう。幾度もの失敗の中から見出されるのだろうか。知れば知るほど生物の素晴らしさを実感する。

海中では逆子のほうが安産

ウシと同じ鯨偶蹄目で海に棲むクジラ類の胎児も、母体の子宮で形成された胎盤内ですくすくと成長し、やがて水中で出産を迎える。彼らの胎盤は、胎膜全体に胎盤が形成される「散在性胎盤」である。

この胎盤をもつ他の動物は、ウマなどの奇蹄類、キツネザル科、センザンコウ科、マメジカ科と一部の偶蹄類である。比較的大きな胎児を出産する種に見られる胎盤のタイプである。

ヒゲクジラ類など大型クジラの子どもは、大人の体長の3分の1から4分の1のサ

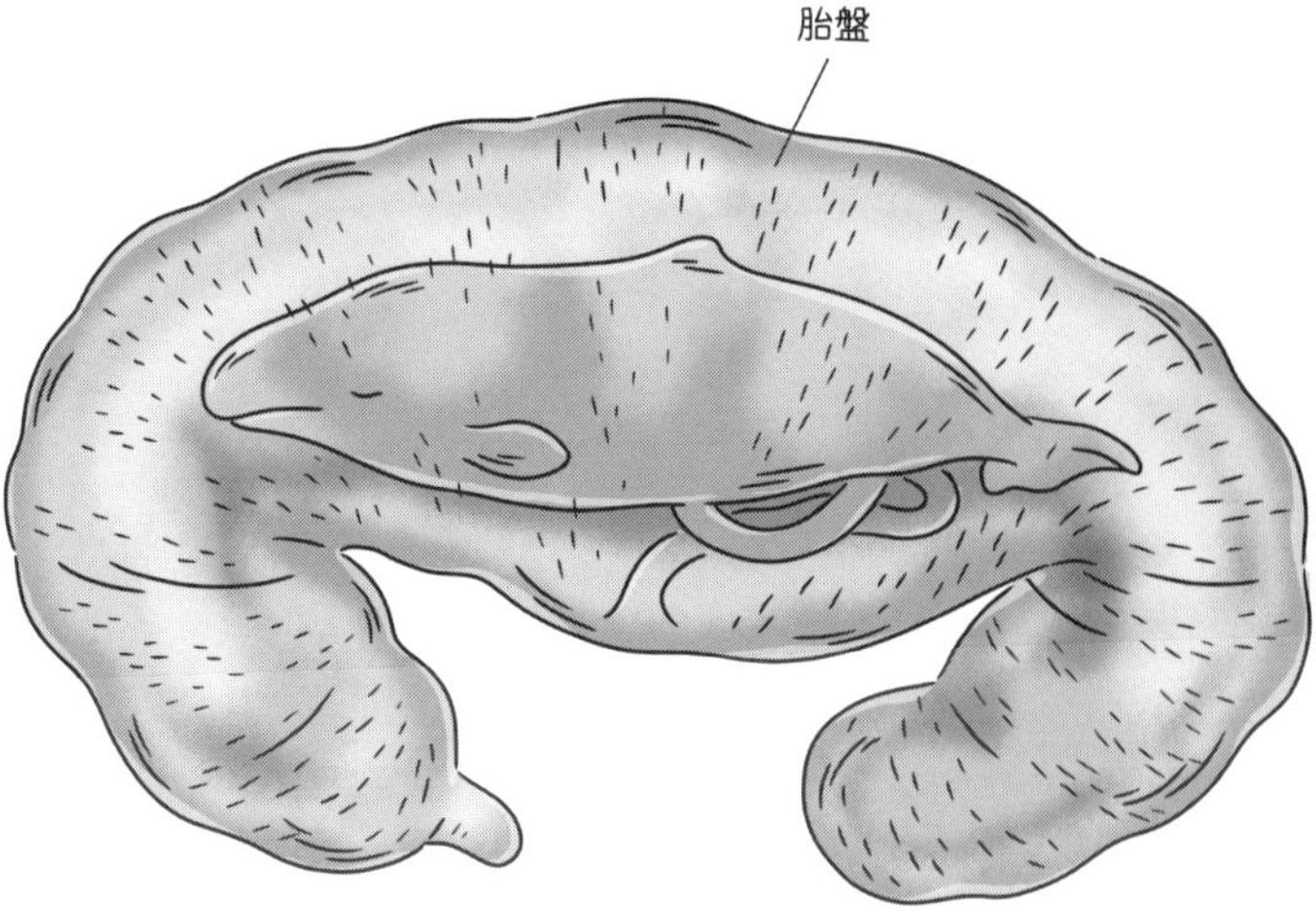

クジラの散在性胎盤

イズで生まれる。さらに、草食動物と同様に母体と胎児の結合が比較的緩く、容易に剥離し、短時間で出産を終える。

水中で出産する哺乳類のクジラ類の場合、陸の哺乳類と違って生まれた途端、呼吸を確保しなければならない。子どもは母親に甘えるより先に、急いで海面に浮上しなければならないのだ。そのためにも、出産を短時間で済ませ、子どもは自力で泳げるだけの成長した状態で産む必要がある。クジラ類は、見事に環境条件に見合った胎盤の構造や形態を選択しているといえよう。

そして、クジラの子どもはすべて

逆子で産まれてくる。一般的に、哺乳類の新生児は頭部側から産まれる。最初に大きな頭部が通過することで産道を広げ、続く胴体部分もスムーズに産道を通れるようになるからである。

一方、水中では臍帯が母親と切れた瞬間、子どもは自力呼吸する必要が生じ、そのためなるべく早く海面に浮上しなければならない。しかし、頭部が出た後に、何らかの理由で胴体部がするっと出てくることができなかったら……子クジラは窒息死してしまう。そうしたリスクを減らすため、子クジラは先に尾部から体の大半を出し、臍帯の切り離しをぎりぎりまで粘っている。

実際、クジラの出産シーンを見ると、尾部が出た途端、子クジラ自身も尾ビレを一生懸命に背腹に打ち振り、産道を通り抜けようとする。

一番大きな頭部が最後だと、それはそれで産道で引っかかりやすいのではと心配になるが、流線形の体型という進化を遂げた彼らには無用な心配のようだ。ファーストブレス（最初の呼吸）をするために、シワシワの子クジラが母親にアシストされながらよちよち泳ぎで海面へ向かう姿には「がんばれ～。あと少し！」とエールを送らずにはいられない。

クジラ類の場合、胎盤の構造や結合様式は水中でするっと安全に産むために、それ

イルカの逆子出産

ぞれ最適なタイプを選択している。

その一方、生まれた後の母子関係はそれに反して比較的密であり、母子は長時間にわたり行動を共にする種が多い。

ひいき目に見てしまうと、クジラ類は良いとこ取りができているといえよう。安産で授かった子どもと好きなだけ一緒に過ごせるなんて、願ったり叶ったりではないだろうか。さすがクジラたち！である。

胎盤はとにかくすごい

胎盤における母親由来と胎児由来の膜の結合には5つのタイプがあることを述べた（187ページ）。そこには母子の関係性が見え隠れすることを、「食うか食われるかの関係」に照らしてもう少し見てみよう。

たとえば、陸上に生息する草食動物は、圧倒的に「食われる側」にいる。ということは、極力、外敵に気づかれないよう、悟られないように生きていくしかない。そのため、出産時は出血の少ない短時間出産ができるよう胎盤の結合は緩くし、子ども側も出産後すぐにひとり立ちができるまで成長して生まれることは紹介した。

さらに、こうした胎盤構造や結合様式をもつ動物を見てみると、母子の関係も比較的あっさりしており、母子で過ごす時間も短い。それは育児放棄や薄情ということではなく、母親が四六時中面倒を見なければならない状態で子どもが産まれてしまうと、それだけ母子共に危険が迫る。

子どもに気をとられていると、その隙に母子共に襲われる可能性や、子どもに気を取られ過ぎて結果、母親自身がエサを取れず衰弱し母乳が出なくなれば、結果的に母子共に死亡してしまうこともある。

その結果、あえてあっさりした親子関係を選択したのだろう。たとえ子どもだけが外敵の獲物になったとしても、それは「食われる側」である以上、致し方ない。母親が生き残れば、また新しい命を宿すだけである。

そこには、すべての動物が生存競争にさらされているのだという自然界のゆるぎない摂理があるだけである。

一方、胎盤の結合が密な私たち人間を含む高等霊長類や食肉類では、母子の関係はより密な傾向にある。「食う側」にいる動物が多く、ニッチ（生態的地位）も安定している種が多い。その結果、母親は子どもに愛情を注ぐ余裕ができ、必然的に一緒に過ごす時間も増える。さらに仲間たちが、そんな母子を守る社会性をもち合わせているためであろう。

繁殖にまつわる戦略は、すべての動物において生存競争の結果に直結しやすい。子宮と胎盤の構造から出産、その後の親子関係まで、高度に連携したしくみがつくられている。実に、あっぱれである。

哺乳類なのに卵を産むカモノハシ

殻付きの卵を産んで哺乳する

哺乳類でありながら、殻付きの卵を産む動物がいる。オーストラリアに生息し、単孔類に分類されるカモノハシである。

カモノハシという和名は、漢字で「鴨嘴」と書く。カモのような幅広いくちばしをもつ、なんとも面白い外見をした動物である。しかし実際には、くちばしといっても鳥のくちばしとは異なり、鼻の下にある上顎骨が伸びて、皮膚がケラチン化したもの（人間のツメと同じ）で覆われている。ウシ科動物の洞角と同じ構成である。

水陸両用生活を営むが、体長は50センチメートル前後で、細長い胴体に短い四肢と幅広の尾をもつ。四肢には水かきがよく発達している。エサは水中で獲ることが多く、河川や湖などの水辺に巣穴を掘って暮らしている。

繁殖期になると、そこに2センチメートルにも満たない小さな卵を1～2個産み、

カモノハシ

おなかに抱えて温める。この卵は、鳥類や爬虫類同様に炭酸カルシウムなどで構成された卵殻をもつあの〝卵〟である。

卵は10日ほどで孵化し、子どもが自身のくちばしを使って卵の殻を割って出てくる。カモノハシには乳首がなく、生まれた子どもは母親の腹の上まで移動し、乳腺からじわーっと脂汗のように滲《にじ》み出る乳を舐《な》め取って育つ。そのため、れっきとした哺乳類の仲間である。

また、子宮はあるが、殻付きの卵を体外に産むために胎盤は形成されない。一方、胚は卵の中の卵黄とつながり、卵黄から栄養を吸収して成長するため、これが臍帯（へそ）部分に相当する。膣から連続する生殖口は、排尿口と直腸と同じ1つの穴に開口し、これを総排泄腔と呼ぶ。この特徴から、ハリモグラなどを含み「単孔目」という独立した分類群が確立された。

卵を産むこと、また、総排泄腔をもつことは、鳥類や爬虫類でも見られる特徴である。そのため、単孔類は哺乳類の中でも最も原始的な哺乳類とされており、独特な生態や身体の構造を今でも維持している。

カモノハシの求愛行動は、まずメスが巣穴をつくるところから始まる。巣穴の準備が完了すると、メスはオスを受け入れる準備が整い、それを察知したオスは、すぐさまメスに近づく。すると、お互いがお互いの後を追うようにくるくる回るダンスが始まる。

このダンスは、水面だけでなく陸上で行われる場合もあるようだが、メスがオスの尾っぽを咥えると、晴れてカップル成立となる。ただし、ここに別のオスが乱入すると、オス同士の激しい戦いが繰り広げられる。

この戦いは、どちらかのオスが逃げ出すまで続くことが多く、戦いに勝ったオスは改めてメスの巣穴に招待され、やっとのことカップル成立となるようである。巣穴に落ち着いたオスはメスの背中によじ登り、尾を丸くしながら交尾を行う。

海の哺乳類も独特の進化を遂げた例としてよく取り上げられるが、その独特な見た目も加味されると、単孔類ほどではないかもしれないなあ、と少し嫉妬したりする。それほど、彼らの進化や適応は独特で、唯一無二なところがある。

ちなみに、オーストラリアに調査で訪れた際、記念としてカモノハシと同じ単孔目に分類されるハリモグラ（英名エキドナ、Echidna）のぬいぐるみを購入した。その名の通りハリネズミのようなトゲトゲの体毛を身にまとい、顔はモグラのようで、なんとも奇妙な外見をしている。

じつは、哺乳類研究者には隠れ単孔類ファンが多い。あまりにも奇妙な外見と生態を2億年も前から維持するなんて、ファンにならないわけがない！ということであろう。

オスとメスの性別を決める2つの要因

生まれる子どもの性別はどのように決定されるのだろうか。その決定要因は2つ知られている。一つは遺伝的因子、もう一つは環境的因子である。ときには、両者の相互作用を受ける場合もある。

人間を含む多くの哺乳類は、遺伝的因子で決定される。カギを握るのは、中学校の理科の教科書にも出てくる、あの「染色体」である。染色体とは、細胞の核中で遺伝子情報を収納している構造体を指す。

人間の場合、1つの細胞の中に46本（23対）の染色体が存在し、そのうちの2本が「性染色体」と呼ばれ、性決定に深く関与する。「X染色体」と「Y染色体」がそれである。Y染色体はオスしかもたない。精子と卵子が受精したとき、X染色体が2本揃うとメス（XX型）になり、X染色体とY染色体が1本ずつであればオス（XY型）になる。

脊椎動物や被子植物の中には性染色体によらない性決定を行う生物種や、雌雄同体の生物種では性染色体をもたない分類群もいる。

染色体に性決定を依存している私たち人間も、46本あるうちのたった2本の染色体の組み合わせにより、性別が決定されるという、ある意味奇跡的イベントを経る。

環境的因子が性の決定に関与する例としては、爬虫類が代表的である。カメ類、ワニ類、トカゲ類などでは、卵が孵化する過程の周囲環境の温度によって性別が決定（温度依存性決定）される。ここではウミガメの例を紹介しよう。

ウミガメ類はウミガメ科とオサガメ科の2科7種が世界中に生息する。その中で、日本周辺に棲息・回遊しているのは5種で、そのうち日本の海岸で産卵するのは、アカウミガメとアオウミガメ、タイマイの3種類である。残りの2種のオサガメとヒメウミガメは日本では産卵をしない。ちなみに、日本は世界有数のアカウミガメの産卵地で、北太平洋では唯一となる。

ウミガメはその名の通り、普段は海の中で暮らしているが、肺呼吸をしているので、卵は海の中では孵化できない。そのため、産卵の時期になるとメスのウミガメが海岸に上陸し、砂浜に穴を掘って、一度におよそ100個もの卵を産み落とす。

卵は約2ヶ月で孵化するが、孵化する過程で砂浜の温度が、ウミガメの性別を決める。概ね29℃前後でオスになる確率とメスになる確率が等しくなり、これが理想の温度とされている。ところが、29℃を超えるとメスの出生率が高まり、29℃を下回るとオスの出生率が高まる。同じ爬虫類でもミシシッピーワニ（アメリカアリゲーター）では、逆に高温下ではオスが増え、低温下ではメスが増える。

ここで問題となるのは、昨今の地球温暖化である。

ウミガメやワニのように、卵の周囲環境の温度変化によって性差が決定される場合、地球全体が温暖になれば、ある種はオスばかりが生まれ、またある種はメスばかりが生まれることになり、子孫を残していくことが困難となる。

たとえば、アカウミガメの場合、世界各地でオスよりメスがたくさん生まれていることが最近では明らかになっ

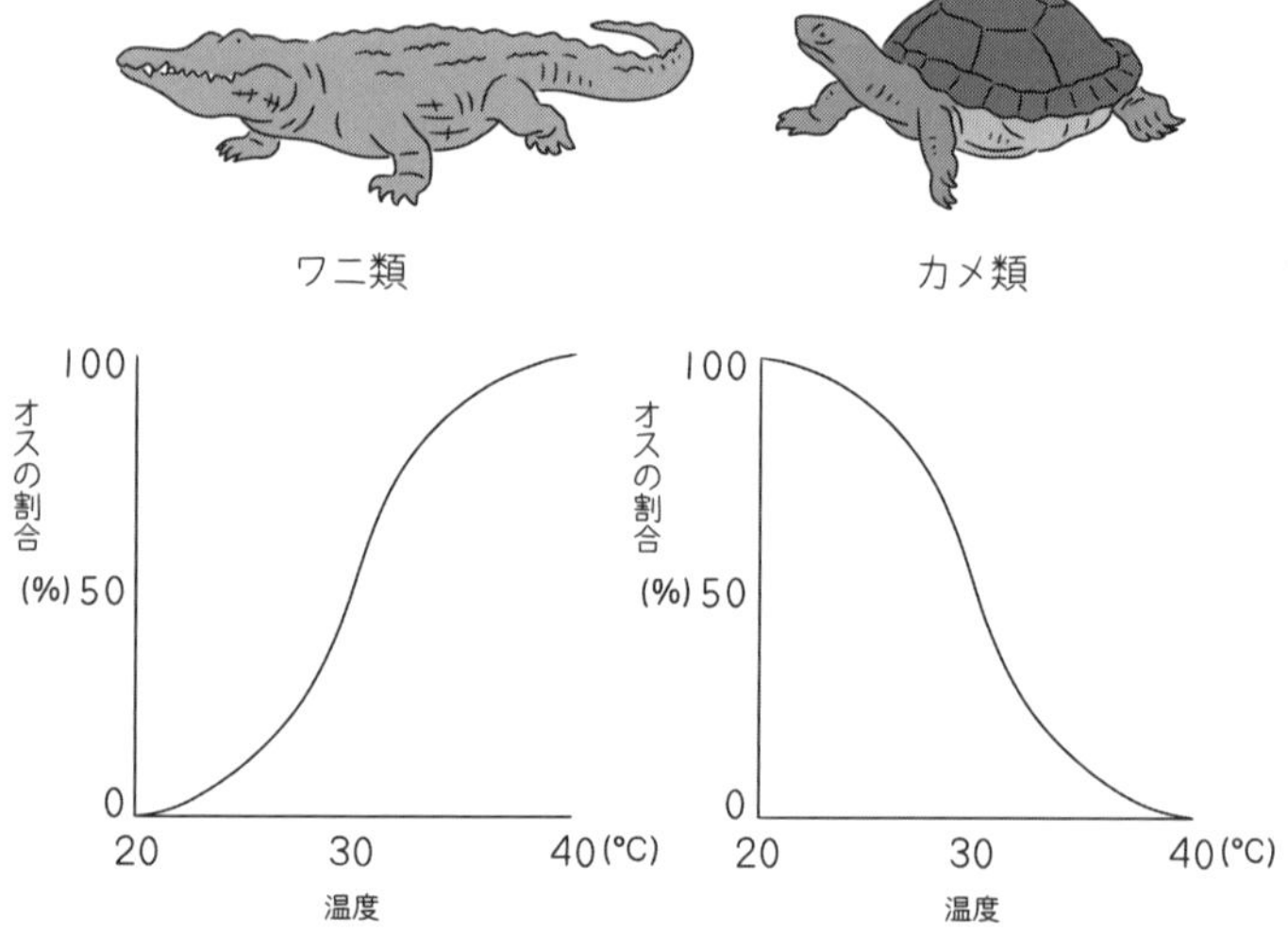

温度によってオスが生まれる割合

ている。つまり、世界の海岸は29℃以上のところが多いという現実を突きつけられる。さらに温暖化が進めば、灼熱《しやくねつ》の砂浜で卵が煮えたぎって死滅したり、正常に孵化できなくなる。こうしたところにも地球温暖化は猛威を振るっているのである。

産卵中のウミガメはよく涙を流しながら産卵しているといわれる。苦しくて涙を流しながら産卵していると思う人もいるかもしれない。

しかしながら、じつはこのウミガメの涙は、体内の塩分調整のために涙腺から塩分を排出しているのである。基本的に、爬虫類以上の脊椎動物では、体内の塩分（電解質）をどう処理するかがとても重要である。私たちの体は、ある一定の電解質濃度を保てなければ死んでしまう。暑いと汗を掻くのは、体温調整に加えてこの電解質調整もしているためで、ゆえに汗は舐めると塩辛い。

ウミガメ類の場合、目の奥にある涙腺（塩涙腺という）から体内に溜まった塩分を体外に排出して、体内の塩分濃度を調整し、恒常性を保っている。という事実を知っても、やはりウミガメが産卵中に見せる涙は心の琴線にふれるのも事実である。

5章

子ゾウは、笑う

子どもの生存戦略

イントロ

生きろ！　生きろ！　生きろ！

胎盤をもったことに加えてもう一つ、哺乳類の最大の特徴は、メスが出産後に母乳で子どもを育てる「哺乳」という行為にある。哺乳類を哺乳類たらしめている特徴といっていい。

母乳の中には、子どもの成長に欠かせない物質がほぼ揃っている。エネルギー源となる「タンパク質」「脂質」「炭水化物」の三大栄養素をはじめ、細菌やウイルスのような微生物と戦うための免疫成分、消化管のバリア機能を強化する成分、腸内細菌を増やす成分のほか、脳の成長を促す成分なども含まれている。

母乳の成分は一様ではなく、動物種によって大きく異なっている。子どもの成長段階や生育環境によっても変化し、その時々の子どもに必要な栄養が供給されているのだ。

乳を生成する乳腺は、毛の付属腺の中の皮脂腺（脂分を分泌する腺）に由来する。毛の付属腺から子どもに必要な「乳」という魔法の液体を生成できるのだから、メスはとにかくすごい。残念ながら、どうしてもここにオスは参加することができない。

人間の場合は、妊娠から出産、育児にかけて、母子共にある程度、サポートが受けられる。一方、人間以外の哺乳類は、基本的に母親が単独で出産と育児を遂行する。完全なるワンオペである。

そこで母親だけでなく、晴れて外の世界に飛び出してきた子ども自身も、その瞬間からさまざまに生き残る術を身につけている。

母乳をどうやって飲めるようになったのか。

外敵から、どうやって身を隠しているのか。

さらに、親に守ってもらうための戦略まで……。

求愛するために飽くなき作戦を講じるオス、より良いオスの遺伝子をクールに選ぶメス、その両者が晴れて交尾して新しい命が誕生する——しかし、ここで終わりではない。子どもが無事に育ち、命を継承できて初めてゴールになる。

求愛から繁殖へとつながった流れの終着点であり、これまでの工夫と努力の集大成が、子どもの生存戦略である。

子ゾウは、笑う

ゾウは母乳を口で飲む

ゾウの妊娠期間はとても長い。交尾から約2年かけて胎児を育て、100キログラム程度の子どもを、基本的に1頭産む。

ゾウの乳首は、前肢の腋《わき》の下（腋窩《えきか》）に左右1対存在する。生まれたばかりの子どもは、他の草食動物同様に自力で立ち上がり、1メートルほどの高さにある母親の乳首に吸い付く。

通常、ゾウが水や大好物の果物を摂るときは、あの長い鼻を使って口に運ぶ。しかし、子どもが母乳を飲むときだけは、鼻を使わず母親の乳首を口で咥えて飲む。つまり、母乳を飲むときは顔にある表情筋を使って頬や唇を活用して飲むのである。これぞ哺乳類の証である。

陸上動物の中で最も大きい部類に入るゾウも、生まれたばかりの子どもは肉食動物に狙われやすい。そのため、他の草食動物と同様に、危険を察知したらいつでも行動を起こせるように母親も子どもも立ったまま授乳する。ライオンやトラのように、体を横たえてゆっくり授乳している余裕はないのだろう。

ゾウの母乳にも、三大栄養素（タンパク質、脂質、炭水化物）や免疫成分が含まれている。この栄養たっぷりの母乳を飲み、子どもは1日約1キログラムずつ成長する。

また、ゾウの母乳成分は、子どもが離乳するまでのおよそ3年間に3～4回成分が変わることが知られている。子どもの成長に合わせて、母親が食べ物を変えながら、母乳の成分を調整している。

初めの頃は、すぐ栄養源になるタンパク質が多く、免疫成分も豊富である。その後成長に伴い、持久力の源となる炭水化物や脂質の割合が増えていき、ビタミン類なども含まれるようになる。

一般的に、哺乳類は、この後紹介するミルクライン（221ページ）に沿った腹の尾側に乳首を備えている種が多い。それに対して、ゾウは腋の下に乳首がある。これは、アフリカに起源をもつアフリカ獣上目（アフロテリア）の草食性の動物に共通する特徴である（次項で紹介するジュゴンもアフロテリアであり、腋の下に乳首がある）。

ということは、アフリカを起源とする共通祖先が、そもそも腋の下に乳首をもって

ゾウとシカの授乳の違い

おり、ゾウやジュゴンはその形質を継承してきたのだろう。人間も他の哺乳類と違い、ミルクライン上とはいえ胸部に乳房がある。さらに、妊娠・出産・授乳を経験しなくとも膨らんでいるというのは、生物学的にはあまり類例のない生理現象であり、人間のメスにおける性的アピールの一つといわれている。

笑う哺乳類、笑えない爬虫類

イヌやネコなどの愛玩動物と一緒に暮らしていると、「あっ、今嬉しそうに笑った」とか「ちょっと不機嫌そう」など、その表情から彼らの感情を読み取ることができる。これは、彼らの頭部に表情筋という筋肉が存在するからである。

表情筋はその名の通り、表情をつくるときに使う筋肉だが、じつは本来の役割は他にある。哺乳類以外の脊椎動物も、表情筋の起源となる筋肉をもっている。魚類では、エラを制御する筋肉として、両生類、爬虫類、鳥類では頸部の括約《かつやく》（締める）を担う筋肉として、表情筋の前身が備わっている。

哺乳類は、頬と口唇を形成する筋肉として、進化の過程でこれらの筋肉が顔面へと移動した。

そして、哺乳類はこの頬と口唇を使って「吸う」という行為を可能にした。つまり、

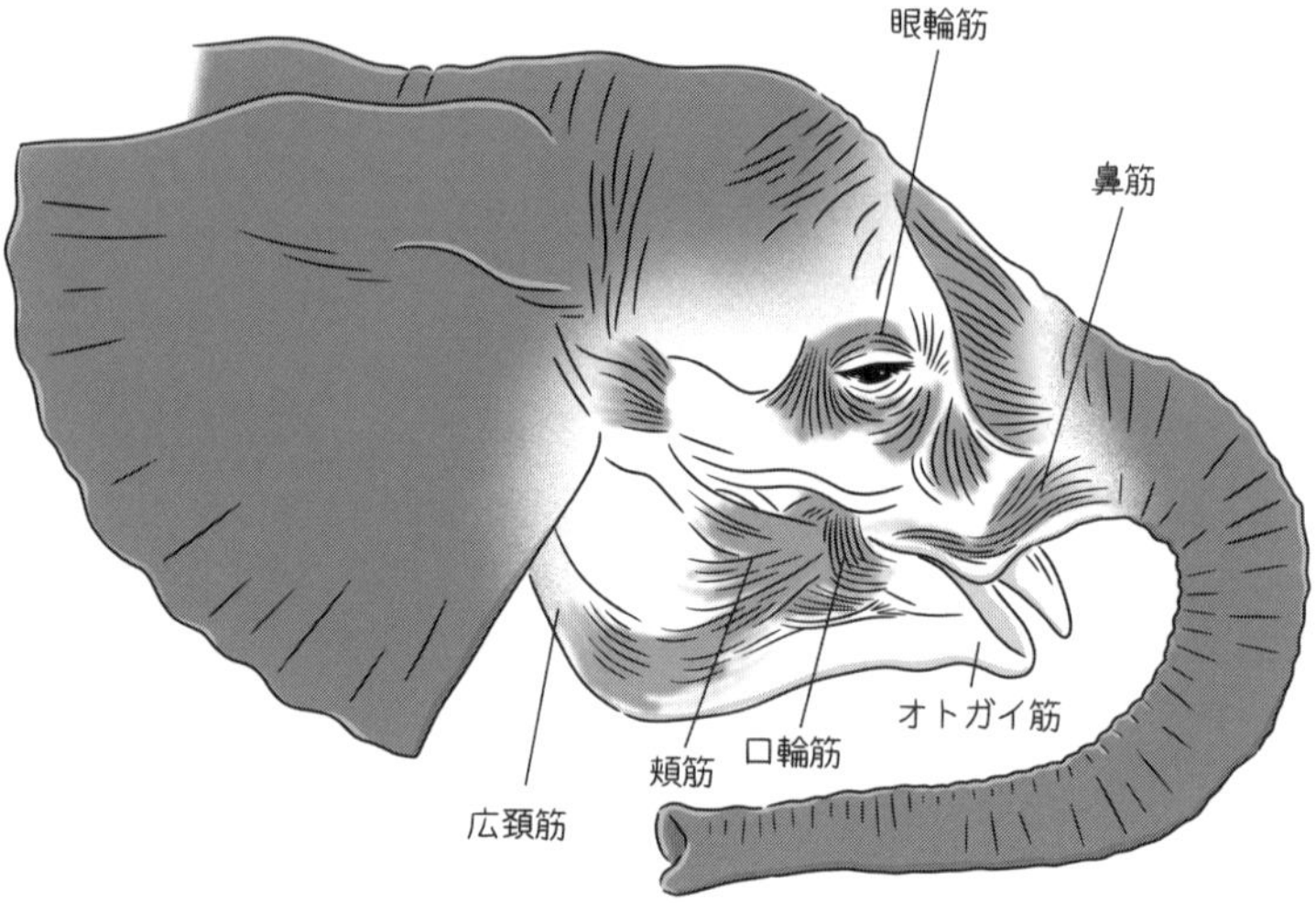

ゾウの表情筋

哺乳類における表情筋の第一義的意義は、乳首を吸って乳を飲むことである。

妊娠中、母親は皮脂腺から派生した乳腺から乳をつくり、子どもは子どもで、それを吸うためにおなかにいる時から、頭部に表情筋をつくって準備する。その結果、哺乳類の子どもは生まれてすぐに乳首に吸い付き、母乳を吸うことができる。

表情筋は実に30以上の筋肉から構成されるが、そのうち主に哺乳に関係するのは、頬筋《きょうきん》と口輪筋《こうりんきん》の2つである。表情筋は、哺乳類を哺乳類たらしめる大きな特徴の一つといえよう。

一方、魚類や両生類、爬虫類、鳥類では子どもを母乳で育てることはないため、これらの筋肉をエラや頸部など別の部位の動きに活用している。したがって解剖学的には、彼らには表情をつくることはできない、ということになる。

ところで、私の務める国立科学博物館に、ヘビをこよなく愛し、同居しているスタッフがいる。コーンスネークという種類のヘビで、名前はマチルダ。白地にピンクの斑点がある可愛いらしい配色のヘビである。

彼はよく私たちに「うちのマチルダが、俺にいつも微笑みかけてくれるんですよ」と嬉しそうに話す。私も、うちの愛猫たちを溺愛中であるため気持ちはよくわかる。

しかしながら、科学に身を置く者としては、爬虫類であるマチルダに表情筋はないので、微笑みかけるはずはないことは百も承知である。それでも、彼にそう見えるなら、それはそれで良いことだと思いながら、みんなで談笑している。

子どもを抱いて授乳するジュゴン

人魚伝説の由来

ジュゴンは、インド洋、オーストラリア北部から東南アジアのフィリピン、そして北限棲息海域である日本の沖縄周辺の海に棲息する海の哺乳類である。海の哺乳類の中で、唯一の草食性を示すのが海牛目で、ゾウと同じアフリカに起源をもつアフリカ獣上目（アフロテリア）に分類される。体長は3メートル、体重は500キログラム前後になる。

ゾウと同様に、乳首は前肢の腋の下に左右1対ある。ジュゴンも長い年月をかけて、水棲適応した海の哺乳類であり、前肢はヒレ状に変化し（胸ビレ）、遊泳の際の舵取りや推進力に使っている。その前肢の付け根に比較的大きくて明瞭な乳首が存在している。

ジュゴンは13〜15ヶ月の妊娠期間を経て1頭の子どもを出産し、その後、1年半にわたって授乳する。生まれたての子どもは、体重30キログラムほどで、体長は1メートル前後である。

子どもがまだ幼い時期、母親は水中で身体をなかば直立させ、両方の胸ビレを使って子どもを抱きかかえるようにしながら授乳する。上半身は人間のような仕草で授乳するのに対して、下半身は魚のようにヒレをもち流線形であることから、西洋の人魚伝説の由来になったといわれている。

確かに同じ哺乳類であれば、乳をあげる様子や吸う仕草が、私たちと似ていても何らおかしくはない。子どもがある程度成長すると、親の胸元付近や、少し後方を泳ぎながら自ら乳を飲むようになる。

海牛目は、海洋の中に自生する（海藻ではなく）海草を好んで食べる。その結果、エサ生物に多様性を見出せなかったため、今では世界中で4種（ジュゴン1種とマナティ3種）しか存在しない。我々人間にとっては「かいそう」と聞くと「海藻：コンブやワカメ」がまず思い出される。海藻は胞子で繁殖する藻類であり、未だに論議は続いているものの、植物に含まれない場合が多い。

一方、海牛類が好物の「海草」は、種子植物に分類されるため、花が咲き実が成り、それによって繁殖する植物である。ジュゴンが好きな海草は、ウミヒルモである。海藻も海草もいわゆるセルロース（線維質）を豊富に含むため、私たち哺乳類は消化することができない。

そのため、草食動物は胃や腸に細菌を共生させ、彼らに分解してもらった分解産物を自らの栄養源として取り込んでいる。どれも哺乳類にとっては分解しにくい厄介なものなのだが、草食動物はあえてそれを主食としている。

海草は種子植物なので、葉緑体と太陽の光による光合成を行うことで繁殖する。そのため、太陽の光が届く水深の浅い沿岸域にのみ自生する。それを好物とする海牛類も、必然的に海草が生えている場所だけが生息域となり、世界中に繁栄することは難しくなってしまったのである。

また、ジュゴンが暮らす沿岸域は、人間社会の影響をとても受けやすい。沖縄のジュゴンのように、残念ながら個体数が激減している地域もある。

哺乳類の乳首はもともと14個だった？

哺乳類は、潜在的に7対、14個ほどの乳首をつくることができる。それが進化の過程で、乳首の数や位置、形、配列などが動物種によって変化してきた。

たとえば、私たち人間は、両側の前胸部に左右1対の乳房と乳首をもつ。なぜ、こ

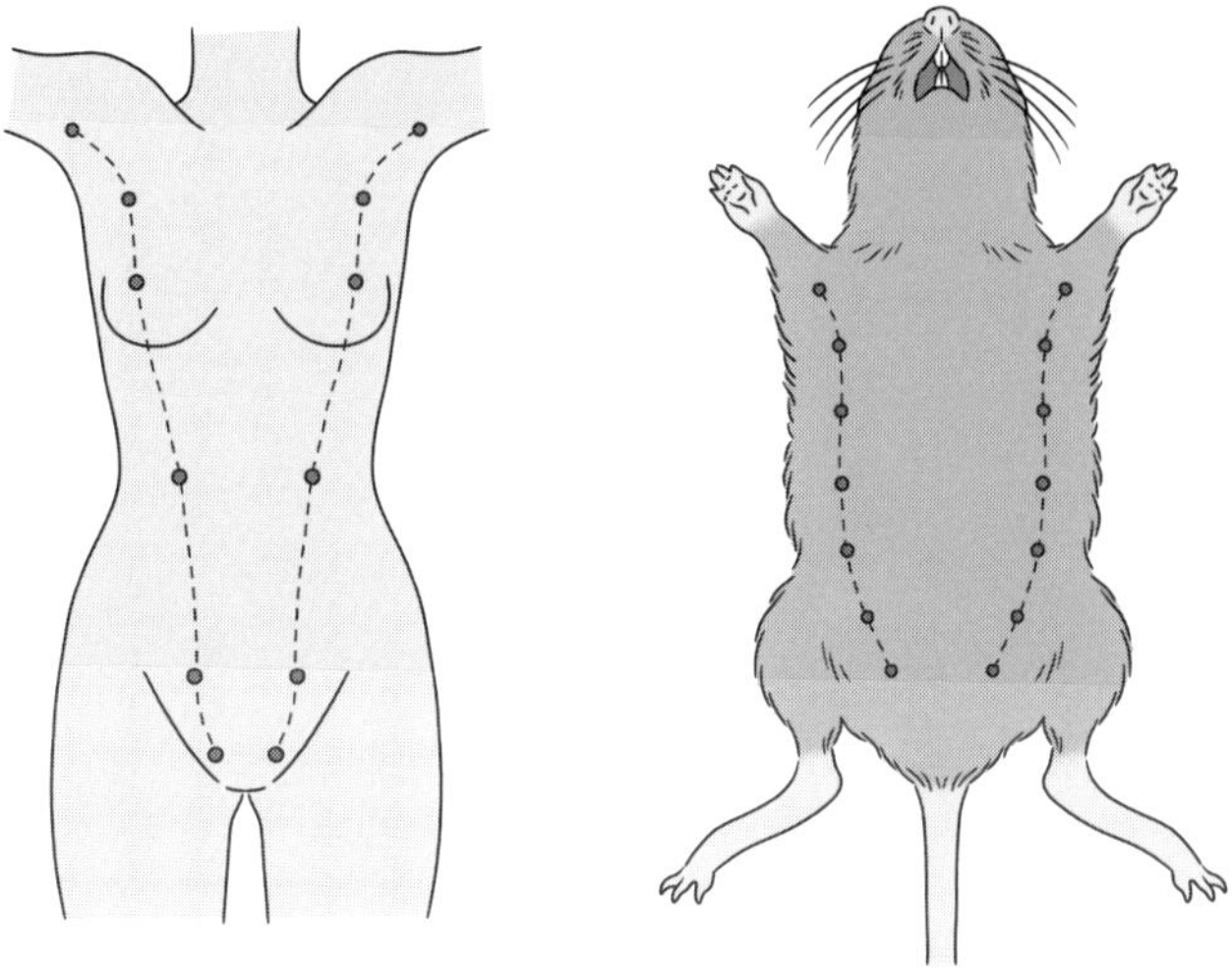

哺乳類のミルクライン

のような形態になったのか。

人間は、基本的に一度の出産で1人の子どもを産み育てる。さらには、二足歩行となり、前肢がロコモーション手段（移動するための手段）から解放されて自由になると、物をつかむ動作の他、子どもを両手で抱きかかえながら授乳するようになった。そうした適応に応じて、胸部に1対の乳房を発達させ、授乳するよう進化したと考えられている。

じつは、乳房（乳腺）や乳首はどこにでもできる。「どこにでも」というのは少しいい過ぎかもしれないが、人間の場合、受精後第7週目に乳腺堤（ミルクライン）という上皮性の肥厚（厚み）が、左右の腋窩と恥骨を結ぶラインに沿って発達する。

そして胎児の発生が進むにつれて、胸部の主乳部1対を残してあとは消失する。しかし、このミルクライン上に刺激を与えれば、ライン上のどこにでも乳房や乳首、乳腺は発生する。こうして偶然できた乳首は「副乳」と呼ばれる。

人間の副乳は、腋窩や正乳部のすぐ下にできることが多く、乳頭や乳首だけだったり、乳腺組織も伴ったりとさまざまである。複数の副乳ができる場合もあり、オスにもできる。

副乳ができる理由は、胎児期の遺伝子変異やホルモンバランスの変動によるものとされている。女性の場合、妊娠・出産を経験すると、副乳から泌乳する（母乳が出る）こともある。

実際、人間以外の哺乳類では、このミルクラインに沿って、ウシでは4個（2対）、クマは6個（3対）、ネコは8個（4対）、イヌは10個（5対）、ブタは14個（7対）、マダガスカルにいるテンレックはなんと29個も乳首ができる。

当然ながら、多産動物ほど乳首の数は増える傾向にある。人間もそうであるように、乳首や乳腺組織はオスにも存在する種が多いが、メスのように発達はしない。ミルクラインやそこを刺激する遺伝子は雌雄が決定される前から発達が開始されるため、オスでも乳首やわずかな乳腺組織をもつ種はいる。

しかし、その後の発達には性ホルモンが大きく影響するため、オスでは発達することなく「ある」という存在に留まる。としても、なぜオスにも乳首があるのかという疑問に関しては、現在のところ、動物によって要因が異なるようだとの理解に留まっている。

子ブタの生存競争

多産の動物は、乳首の数も多い。ブタは、その代表であろう。

ブタは、クジラやウシと同じ鯨偶蹄目に分類されるイノシシ科の哺乳類だが、一度に10〜16頭の子どもを産み、ミルクラインに沿って左右対称に7対（5〜9対）の乳首がある。

授乳時には、母ブタが体をゴロンと横たえた途端に子ブタが群がり、乳首の奪い合いが始まる。7対ある乳首のうち、どの乳首をどの子どもが吸うかは、生まれて3日目ぐらいで序列が決まるという。やはり体の大きな個体や強い個体が乳のよく出る乳首を奪うようで、すでに子ブタ同士の生存競争が始まっている。

乳首の数より多く子どもが生まれる場合もあり、乳首にたどりつけない子どもも出てくる。当然ながら、乳首を奪取できなかった子どもは生きていけない。なんとも厳しい世界である。

他方、母ブタの側も、一度に10頭以上の子ブタが群がって、勢いよく母乳を飲み続けるわけだから、その負担は計り知れない。乳首にたどりつけない子ブタがいても、とくにフォローすることもなく、子どもたちのなすがままにまかせて横になっている。

母ブタは、授乳を開始するとき、独特の鳴き声を発してわが子に知らせるという。さらに子ブタも自分の母親の鳴き声を間違えることなくそこに向かうそうで、他の母ブタが鳴いたとしても行かない。

さらに、ブタは高度な社会性をもち、好奇心も旺盛で、群れは6～30頭ほどで母系社会を築いている。その中で同年齢の子ブタがいれば、協力して育てることも確認されている。

母親が次に発情したタイミングで子ブタたちは離乳を迎える。産まれたときは1キログラム余りしかない子ブタの体重は、半年ほどで100キログラムを超えるほど一気に成長する。

なぜか、ブタには汚いイメージがつきまとう。どこからそうしたイメージがついてしまったのか定かではないが、ブタは知る人ぞ知るとても綺麗好きな動物である。床敷が少しでも汚いとすぐに具合が悪くなるし、鼻もとてもよく効くのでニオイにも敏感である。

大学時代、ブタの飼育実習をしたことがあるが、彼らは非常に頭がよく、どの学生がエサをくれるのかを正確に判断していた。私がエサを抱えていると、足元に来て体を擦り付け、ねだったりする。

なんとも可愛く、ある意味、生き残り作戦を心得たとても賢い動物である。

クジラの舌に見られるフリンジ

水中でも母乳を飲みやすくする

ジュゴンと同じく、一生涯を海の中で暮らす哺乳類のクジラにも、もちろん乳首はある。

博物館の来館者や大学の講義で「クジラにも乳首がありますね」と、当たり前のように話を始めると、ほとんどの人が驚きを通り越してきょとんとした顔をする。

その反応に、最初は私が驚いたものだ。クジラが哺乳類であることは知っていても、海の中で妊娠・出産、さらには授乳までするところはなかなか想像が及ばないのかもしれない。

確かに、クジラの乳首は「埋没型」なので、陸の哺乳類のように膨らみがあったり、乳首が突出したりしていない。腹側にある生殖孔の脇に1対の乳裂があり、その中に乳首が収まっている。それでも泌乳中のメスは、乳首から臍部にかけて帯状に乳腺が発達するため、そこが膨らんで見えたり、乳首が乳裂から確認できることもある。

一方、海の中で授乳するなんて、できるものだろうかと思ってしまう。母クジラはもちろん、生まれてまもない子どもも泳ぎながら、かつ定期的に呼吸しながら、息継ぎの合間をぬって授乳しなければならないのである。

加えて、クジラの吻先《ふんさき》はくちばし状に尖っている種も多く、いかにも飲みにくそうである。とくにヒゲクジラ類は、子どもでも口の中にヒゲ板（34ページ）があり、これが授乳のときには邪魔になりそうである。

しかし、私のそんな老婆心をよそに、彼らはしっかりと戦略を立てている。子クジラの舌の辺縁はギザギザで、フリンジ状（ヒダ状）になっている。これは辺縁乳頭と呼ばれ、じつは人間、イヌ、ネコ、ブタなどにも見られるが、クジラ類で特に明瞭である。

辺縁乳頭とは、舌の構成要素の「舌乳頭」の一つで、他には茸状《じじょう》乳頭《にゅうとう》（キノコのような外見をしていることからこの名前が付いた）、糸状《しじょう》乳頭《にゅうとう》などがある。

辺縁乳頭は、物を食べるときに舌で運びやすくし、神経と直結しており舌の知覚や触覚を維持する。

ネコ好きの方は理解しやすいかもしれないが、ネコの舌はとてもザラザラしている。

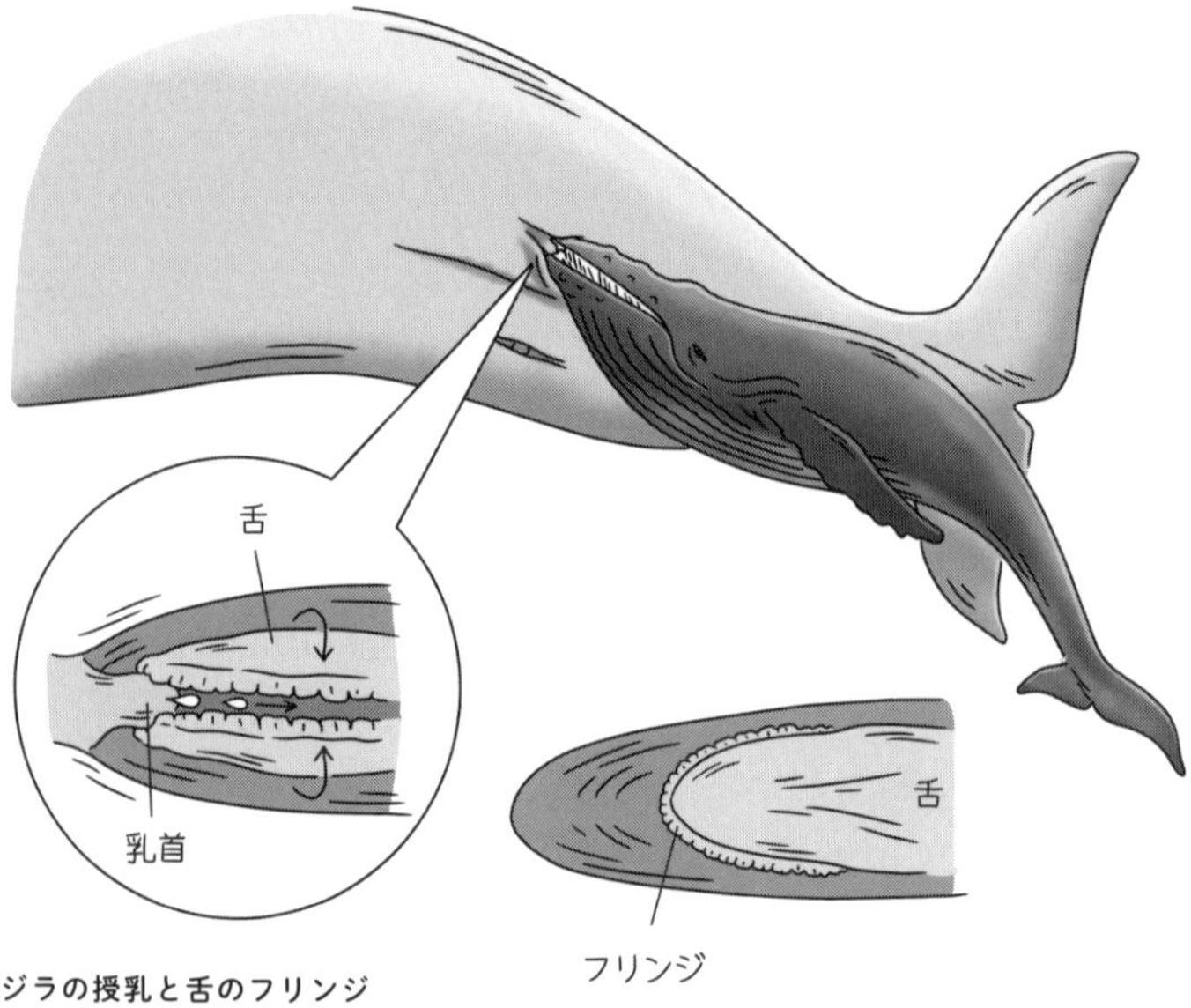

クジラの授乳と舌のフリンジ

あれも舌乳頭の一つ、糸状乳頭によるものである。

再三ご紹介しているように、うちにも愛猫がいる。彼らから愛情の証として、顔をちょくちょく舐めていただく。案の定、とても痛い。ザラザラなので、肌が荒れる。これが糸状乳頭の威力である。

クジラにある辺縁乳頭はというと、舌が乳首に巻き付きやすいようアシストしていると考えられている。当初、この舌のヒダヒダはなぜあるのかがわかっていなかった。

しかし我々の調査により、離乳した個体の舌ではヒダ状のものが消失することがわかった。つまり、自分でエサを食べるようになると消失することから、母乳を飲むときに活用していることが明らかになったのである。

また、ヒゲクジラ類の哺乳期の個体は、離乳後と比べてヒゲ板の吻側（口先側）が短くなっており、口先から舌を出し入れしやすくしている。ヒゲクジラの授乳シーンを見ていると、とても器用に子クジラが母乳を飲んでいる様子がわかる。

同じく海に棲息するアザラシやアシカなどの鰭脚類は、舌先端が二股になっており、やはり哺乳する際に役立っている。しかし、鰭脚類の多くは成体になってもこの構造は残り、エサを食べる際にも活用している。

イヌやネコ、ブタや人間の舌にも、母乳を飲むためのフリンジが備わっていると書いたが、イヌやネコ、鰭脚類は舌先端が二股に分かれたり、ヒダヒダが小さかったりと、クジラに比べると控えめな構造のようである。

乳首を咥えたら離さないカンガルー

カンガルーの大発明

オーストラリアを中心に棲息するカンガルーは、厳密には哺乳類ではあるが有胎盤類ではなく、有袋類に分類される。有袋類とは、メスのおなかに育児嚢をもつ動物のことをいう。育児嚢は未熟児の状態から子どもが育つ袋状の保育器のようなもので、中には4個の乳首が備え付けられている。

カンガルーは、1度の出産で1頭の子どもを産み、妊娠期間は受精卵の着床からたった1ヶ月程度と短い。それもそのはずで、生まれる子どもは、わずか2センチメートル程度のスーパー未熟児で、目も見えていない。それでも子宮から出たあと、自力で育児嚢へ移動する。それは、そこに生命線ともいえる乳首が備わっているためで、自力で乳首を見つけて、自力で吸い付く。すると乳首がふくらみ、口から簡単には抜けなくなり、子どもは乳首を咥えたまま成長していく。

カンガルーの育児嚢

カンガルーは、一般的な哺乳類と違い胎盤を形成しないため、子宮では子どもは成長できない。そこで早い時期から子宮とは別の育児嚢にその場を移して、母乳で育てる戦略に進化した。

子どもにとっては、育児嚢までの道のりがやや過酷だが、母親が体を舐め、唾液に含まれるニオイ物質などを駆使して乳首まで誘導してくれる。いったん育児嚢の乳首に吸い付くことができれば、あとは安全な袋の中でひたすら母乳を飲んで育つ。

さらに、育児嚢に居る限りは母親と一緒に移動でき、外敵から襲われる心配もない。これが育児嚢の最大の利点で、ゾウやキリンの赤ちゃんのように、絶えず天敵の目を気にして、せわしなく母乳を飲まなくてもいいわけである。カンガルーの母親にとっても、胎盤をつくったり、体の大きな子どもを産んだりする負担がなく、出産時や授乳時に敵に襲われるリスクも軽減できる。

出産から半年ほど経つと、毛の生えそろった子どもが袋の中から顔を出すようになり、やがて外へ出る機会が増える。最初は出たり入ったりを繰り返し、外から育児嚢へ頭だけ突っ込んで母乳を飲むこともしばしばである。

その後、1年弱ほどで育児嚢から完全に離れて自立し、大型のカンガルーでは成長すると2メートルほどの大きさになる。

余談になるが、オーストラリアの南の都市アデレードにある南オーストラリア博物館に調査で訪れたとき、アデレードの南西に位置する「カンガルー島」という地を訪れる機会に恵まれた。南オーストラリア博物館の学芸員で、クジラの研究者でもあるCath Camper（キャス・ケンパー）さん、愛称キャスさんに案内していただいた。

カンガルー島は、アデレードの港から45分の船旅で到着する。島の名前通り、カンガルーの楽園であるが、私たちとしては同じ島の「シール・ベイ（アシカ湾）」に生息する野生のオーストラリアアシカなども観察できたらいいなあ、ということで訪れた。

島に到着すると驚愕した。あたり一面にカンガルーがいる。それも、いわゆるお姉さん座り（正座姿勢をどちらかに崩して斜めに座る姿勢）をしてこちらを睨み付けるように凝視している。動物園で出会うカンガルーとは様子が全然違っていて、うっすら恐怖さえ覚えた。

キャスさん曰く、これが普通だという。気を取り直し、宿まで移動するためにキャスさんの車に乗り込んだ。そして車が走り出すと、なんとそのカンガルーたちも並走してくるではないか。それも物凄い速さで。

時速40キロメートルほど出しても、余裕で追いついてくる。おなかに赤ちゃんを抱えた個体も含めて十数頭が追ってくる中、キャスさんは平然と運転を続けている。すごいところに来てしまったかも……と一抹の不安がよぎった。しかし、ある程度並走したカンガルーたちは飽きてしまったのか、徐々にフェイドアウトし、事なきを得た。

オーストラリアの人々とカンガルーとの距離感に新鮮な驚きを得るとともに、翌日は楽しみにしていたシール・ベイを訪れ、野生のオーストラリアアシカをたっぷり観察することもでき、大満足の旅であった。

アザラシの母乳でキリンは育たない

高脂肪の母乳で育つアザラシ

アザラシ類は、世界中に19種知られており、日本にはそのうちの5種、ゴマフアザラシ、ゼニガタアザラシ、ワモンアザラシ、アゴヒゲアザラシ、クラカケアザラシが棲息、または回遊している。アザラシの乳首は、おへその下に1対存在する種が多いが、アゴヒゲアザラシのように2対存在する種もいる。基本的に、水中ではなく陸上または氷上で子育てや授乳をする。

中でも、北大西洋や北極海に棲息するズキンアザラシの授乳は、わずか4日間で終わり、哺乳類最短といわれている。この哺乳類最短の授乳期間は、シャチやホッキョクグマなどの外敵に襲われるのを防ぐためと考えられている。

生まれたばかりの子どもは強いニオイを発しているため、外敵に狙われやすい。母子が一緒にいると両方襲われて死んでしまう可能性が高くなる。ならば早めに離れて、生き残る確率を上げようという作戦なのだろう。

一見、育児放棄のような印象を受けるが、これが野生で生きるということなのである。子孫を残すことがメスの最大のミッションであれば、かりに子どもの命が失われても、母親は次の子どもをつくることが可能となる。

実際、ズキンアザラシのメスは、授乳を終えるとすぐに発情する。そのため、授乳中のメスの横で、次のチャンスを狙うオスが、待機している場合も少なくない。

母親は早く離乳させる代わりに、脂肪分が60％以上という高脂肪の母乳を子どもに与え、共に過ごす4日の間に子どもの体重を20キログラムから40キログラムに倍増させる。高脂肪の母乳によって、皮下脂肪を一気に増やす作戦である。これが、短い期間しか一緒にいられない、母から子への最大限の贈り物なのだろう。

脂肪分60％以上の母乳は、他に類を見ない。たとえばウシの乳（牛乳）の脂肪分は10％程度、私たちが一般的に食べるチーズは約25％、バターは約80％なので、液体バターを飲んでいるようなものである。それは太る、いや太れるはずである。

ズキンアザラシは、北西大西洋や北極海の氷上で出産することから、子どもにとって皮下脂肪は栄養源になるとともに、寒い環境でも体温を保ち、その後の水中生活に耐えるための防寒対策としても大変重要となる。

さらにズキンアザラシの子どもは、一人で生き残るための戦略も身につけている。天敵の目を欺くために、氷上の環境に溶け込むような目立たない白色の体色（249ページ）をしている。さらに、このときの毛は水をはじくため、いざとなったら生後4日目でも海に潜ることができる。

ちなみに、4日間の授乳では物足りない個体もいるようで、中には自身の母親がいなくなったあと、別のアザラシの母子の間に割って入り、その母親のお乳を横取りする行動も見られるという。こうしてたくましい個体が生き残っていくのかもしれない。同じ北西大西洋に生息するタテゴトアザラシも、ズキンアザラシほどではないが、授乳期間が2週間と比較的短いことで知られている。こちらも53%にもなる高脂肪の母乳を子どもに与え、2週間で子どもの体重は10キログラムから4倍の40キログラムに増える。

ほぼ水分の母乳で育つキリン

キリンは、クジラと同じ鯨偶蹄目の一種で、ウシと同じ反芻（一度飲み込んだ食物を口に戻し、再び咀嚼してまた飲み込むこと）をする反芻類である。乳首は後ろ足の付け根に2対、4個存在する。

アフリカの草原で生き抜く草食獣で、出産や授乳は外敵に襲われるリスクにさらされる。そのため、他の草食動物と同様に基本的に立ったまま子どもを出産し、授乳もする。子どもは、生まれてすぐに立ち上がり、母親に誘導されてはるか頭上にある乳首を探し当て、母乳を飲み始める。

キリンの母乳は、前出のアザラシと真逆で、脂肪分をはじめとする栄養分はわずか23%、残り77%が水分である。この脂肪分の割合は、人間が飲むスキムミルク（牛乳から乳脂肪分を取り除き乾燥させたもの。脱脂粉乳）と、ほぼ同じである。

私がスキムミルクを身近に感じたのは、大学院を卒業してからアメリカに武者修行に行った時である。当時、アメリカのスーパーマーケットへ行くのが楽しくて、暇さえあれば出かけていた。アメリカのスーパーマーケットの陳列品数は桁違いで、ミルク一つとっても種類が多すぎてどれを買ってよいのか本当に迷ってしまうのだ。

一つ一つ手に取り裏面に書いてある成分をよく熟読したが、その中でもスキムミルクのバリエーションはすさまじかった。今では肥満防止や健康維持のためにスキムミルクを選ぶ人が増えていると聞くが、キリンの場合は生きていくために、その割合になっている。

キリンの母乳に水分が多いのは、キリンがアフリカという乾燥した草原地帯に棲息していることに由来する。アザラシと違い、キリンの子どもは寒さに耐えるための脂肪より、体を潤す水分の補給が重要ということである。

さらに、キリンの授乳期間は約10ヶ月と比較的長い。さらに、生後2週間ほどで、草を食べ始め、離乳後も母親と同じ群れで何年も一緒に過ごすことができる。そのため、アザラシのように高栄養なミルクで急激に成長する必要はない。

そこで、キリンの母乳は栄養分よりも、水分を優先した配分になった。アフリカの草原のように乾燥した土地では、すべての生物にとって水分の獲得が生き残りに直結するといっても過言ではないのであろう。

また、首を長くしたキリンは、じつはとても高血圧である。心臓からはるか2メートル上にある頭部へ血液を送らなければならないためであり、平常時の血圧は260mmHg（ミリメートル・エイチ・ジー）。人間の血圧が平常時で120mmHgであることと比べれば、その高血圧ぶりがおわかりいただけるだろう。

さらに、キリンが水を飲むときは、あの長い首をグーっと地面へおろし、頭を垂れて水を飲むことになる。じつはそれがとても大変なのである。心臓より下に頭が長時間あると、どうなるか。私たちが逆立ちしている時の状態を想像していただきたい。そう、頭に血が上る。

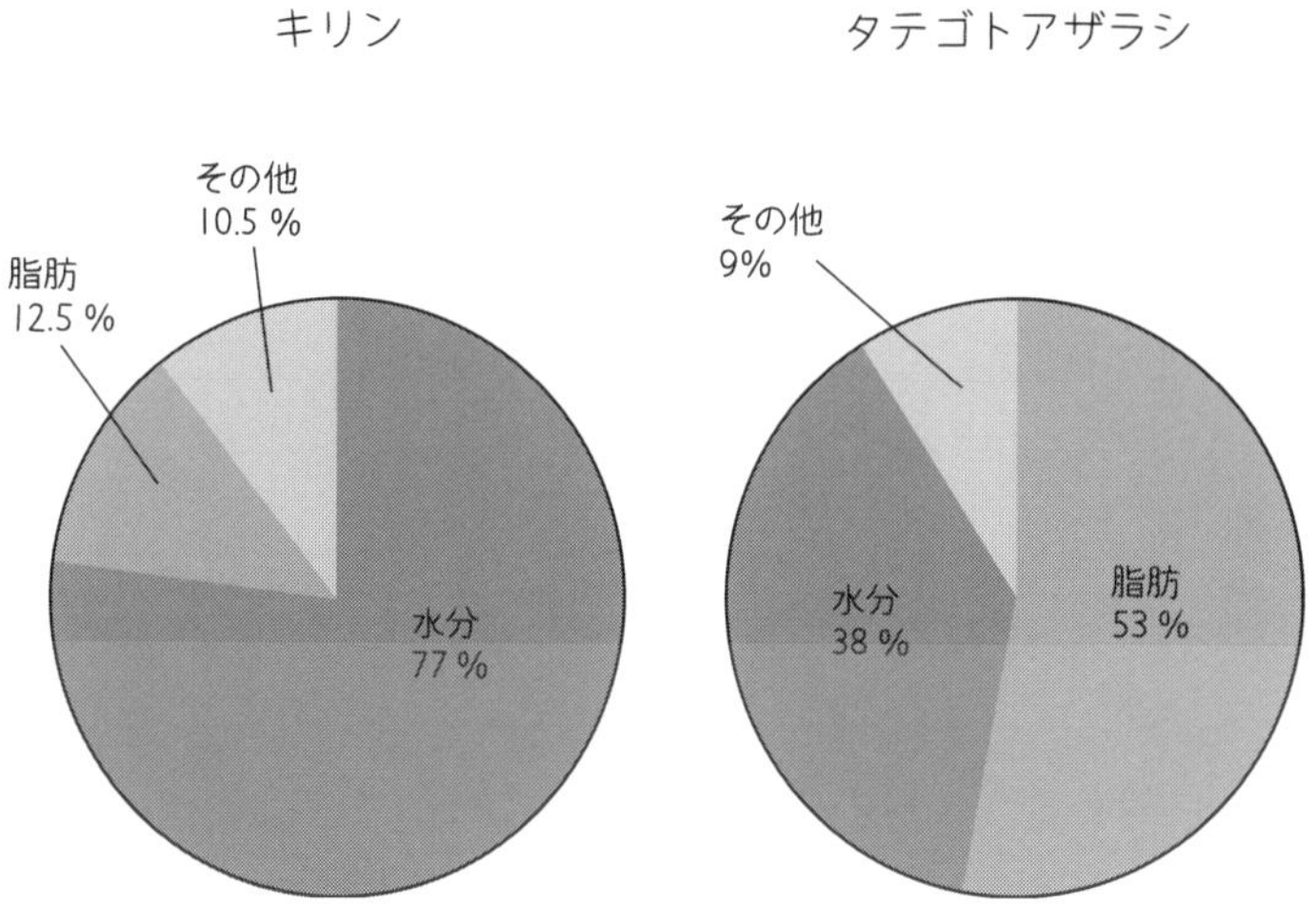

母乳の組成の違い

それでも水は飲みたい。その結果、前肢を大きく広げて飲むか、前肢を少し折り曲げて飲むか、という2つの方法を編み出した。こうすれば、心臓と頭の高低差を少しでも小さくすることができる。この方法は母から子へ伝授されるようで、大きく前肢を広げる母親に育てられれば、子どももそのような飲み方をし、他方も然りとなる。

首を長くした結果、他の動物が届かない上の方にある植物は食べられるようになったものの、今度はそれが仇《あだ》となって下向きの動作が困難になるとは……。そんな不器用さもキリン好きにはたまらない魅力なのであろう。

お乳の成分はオーダーメイド

静岡県下田市の海岸に、ハクジラ類の一種であるハナゴンドウ2頭が生きたまま発見されたことがある。クジラ類を含む海の哺乳類が砂浜や海岸に生死を問わず打ち上げられることは、四方を海で囲まれている日本では決して珍しいことではない。年間300件ほどの報告があり、総称して「ストランディング」と呼ばれる現象である。

このときは、地元の下田海中水族館の職員の方が現場へ急行したが、到着した時には、既に2頭とも亡くなっていた。体の大きな個体は泌乳（母乳を分泌）し、小さな個体はまだ身体にシワシワ（在胎痕：179ページ）があったので、出産まもない親子のハナゴンドウであった。

2頭とも解剖調査した結果、なぜ親子で海岸に打ち上げられてしまったのか、その原因はわからなかったが、出産まもないとそれだけで命に関わる事態になるのかもしれない。2頭とも死亡してしまったことは残念であるが、仮に子どもだけが生きており水族館で保護した場合、次の課題はどのようなミルクを与えたらよいのか、である。

「牛乳でよいのか？　人間の粉ミルク？　それともイヌ用？」

与えないよりは与えたほうがいいのか、あるいはキリンのようにまずは水分補給が先決なのか……。こうした初歩的な生態もわかっていないのが、野生動物の現状である。

クジラの場合、ウシは系統的に近縁だが、市販の牛乳は成分調整されているし、近くの牧場から生乳をいただくというのも現実的ではない。そもそもウシ用のミルクの組成がクジラに適しているかどうかの判断も難しい。

身近な愛玩動物でも、イヌ・ネコ用の粉ミルクが別々に市販されているように、動物によってミルクの成分は違うため、人間が用意できるものをただ与えれば良いというわけではない。

ちなみに学生時代、実家の庭先で野良猫の姉妹が同時に出産し、15匹の子ネコに毎日のようにミルクをあげていたことがある。今でも、小動物用哺乳瓶で子ネコにミルクをあげるのはプロ並みといっても過言ではない。

現在も、野生動物の子どもが保護されると、現場の対応は困難をきわめる。それでも少しずつ、水族館や保護施設での経験や知見が蓄積された結果、近年になってイルカ用ミルクが開発された。ちょっと安心する情報である。

徹底的に隠れる子どもたち

マレーバクとシカの子ども

生まれたばかりの子どもたちを待ち受けているのは、誕生を喜んでばかりはいられない、野生の厳しい現実である。

繰り返しになるが、野生動物ではオスは基本的に子育てには参加しないので、メスだけが育児を担当するワンオペ状態である。しかし、母親も自らの身を守りながら生きていかなければならない。その結果、子どもは子どもで生き残る術を身につけるようになる。

その一つが「保護色」である。周囲環境と子どもの被毛や体の色を同化させて、外敵や同種のオスの目を欺く作戦である。この時期の子どもの被毛や体の色を「幼体色」や「新生児毛」などと呼び、大人色と区別する。この時期、種によっては親と子どもはまったく違う体色をしており、マレーバクはその顕著な例である。

バクの親子

マレーバクは、ウマと同じ奇蹄目（蹄の数が奇数の動物）に分類されるバク科バク属の哺乳類である。奇蹄目と一言にいってもその蹄の数はさまざまである。ウマの場合、前・後肢共に中指一本立ちだが、マレーバクの前肢は親指部分がない4本指で、後肢は親指と小指部分がない3本指である。後肢の蹄の数によって奇蹄類に分類され、それぞれの指の先端は頑丈な蹄に包まれている。

バクは世界中で5種が知られているが、マレーバクはその中で最も大きく、インドネシアなど東南アジアの森林地帯に単独で生活している。成体のマレーバクの体色は、黒を基調として、胴体中央部からお尻にかけて白いのが特徴である。夜行性で、黒い頭部と足を目立たせないことで体の輪郭を隠し、暗闇の中外敵の目を欺こうという作戦らしい。

一方、生まれてから半年くらいまでの子どもは、親とはまったく違う色彩を呈す。初めて見た時、私は同じ種類のバクとは思えなかったほどだ。黒地に白からクリーム色の斑点が縞状に並び、クリーム色の部分にはぶち模様も混じっている。ウリ坊（イノシシの子）の派手バージョンとでもいおうか。

森林で生活する彼らには、これが保護色となる。成長に伴い、本来の白黒モノトーンへと移り変わっていく。ここでふと疑問がわく。大人になったからといって、外敵に襲われないとは限らないので保護色のままのほうが都合がよいのでは？

しかし、どうやら彼らは敵に狙われるリスクよりも、子孫を残すことを優先したらしい。広大な森林では仲間と出会えるチャンスは非常に少なく、交尾相手を探すなんぞは針の穴ほどのチャンスとなる。

そのため、外敵に見つかりやすくなる危険はあるものの、あえて目立つ白黒パターンの体色となり、鬱蒼とした森林でもお互いを見つけやすくして、出会いのチャンスを増やしたのだ。ここまでしなければならない自然界の過酷さと、子孫を残すことに対する真剣さには改めて感動する。

マレーバクの乳首は腹側に1対ある。授乳するときには、母親は横に寝転がり、子どもはそれを見計らってすぐに乳首に一目散のようである。バクの場合、鼻が少し長いので邪魔にならないのかなあと勝手に心配になるが、鼻の長さでは負けてないゾウでもそれを難なくクリアしているのだから、余計なお世話であろう。

シカは、ウシと同じく蹄の数が偶数あり、哺乳類のシカ科に分類される反芻類である。先に紹介したように、日本にはニホンジカ1種で、亜種としてエゾジカ（北海道）、ホンシュウジカ（本州）、キュウシュウジカ（四国・九州）などがいる。世界にはトナカイやヘラジカなど30種以上のシカが森林地帯を中心に棲息している。

ちなみに、日本に棲息するニホンカモシカは、シカと和名がついているが、その角を見ていただければウシ科に分類されることがわかるように、ウシ科である（86ページ）。

ニホンジカも母系社会で生活し、基本的に初夏に1頭の子どもを出産する。多くの動物は春先に出産するが、シカ科は初夏（6〜7月頃）に子どもを産む。他の動物たちと同様に、食べるものの少なくなる冬までに子どもを少しでも大きく成長させ、越冬できる準備をすると考えられている。

出産直後は真っ黒い色に見える子どもも、母親が舐めているうちに体の背面に白い斑点が鮮やかに浮き上がってくる。いわゆる「鹿の子《かこ》模様」、ディズニー映画の『バンビ』である。小ジカが草むらにうずくまると、この鹿の子模様が効果的な隠ぺい色となる。

成長に伴って白斑は薄くなり、オスは全身濃い茶色、メスは灰褐色になる。しかし、大人のシカも、夏の時季に生える夏毛には、背部に白い斑点が現われ、冬季になると斑点は消える。

ニホンジカのメスには2対、4つの乳首がある。シカ科動物も草食動物であり、いつでも逃げられるように、母子ともども立ったまま授乳するのが基本姿勢。ニホンジカの母乳成分は、6割が水分で4割が脂肪やタンパク質などの固形成分だ。奇蹄類や齧歯類よりタンパク質が多く含まれているのが特徴である。

それにしても、草を主食とする草食動物がエサである植物から脂肪やタンパク質を含む母乳をつくり出せるのは不思議である。シカを含む反芻類は、胃が複数の部屋に分かれる複胃をもち、最初の3つは消化酵素を出さない無腺胃である。この無腺胃に微生物を共生させ、微生物たちに植物を消化・分解してもらって栄養源としている。

学生時代、憧れだった北海道に牧場実習に行ったとき、ニホンジカと同じ反芻類であるウシが、本当に美味しそうに草を食べるのを見て、思わず私もその干草を食べてみたことがある。もちろん全然美味しくない。味も素っ気もない。そんな草からウシは、美味しい牛乳やお肉を私たちに提供してくれる。改めて、反芻類が獲得した消化システムの素晴らしさを実感した。

太陽の光を利用するツチクジラ

ツチクジラは、アカボウクジラ科に分類される中型のハクジラ類である。日本周辺では日本海側にも太平洋側にも棲息するが、どちらかというと少し寒い地域を好む。頭部から吻の形が「金槌（カナヅチ）」に似ていることからこの和名が付いた。

大人はオスもメスも全身に茶色がかった黒色をしているが、子どもは全体に白からクリーム色の体色で、背側と目の周りが黒く、パンダの逆パターンの〝幼体色〟を呈す。

母親がエサ探しのため潜水している間、子どもは水面で待っていなければならない。このとき、サメなどの外敵のほとんどは水中から上を見上げてエサを探すそうだが、ツチクジラの幼体のように腹側が白色だと太陽光の反射を受けず、水中から水面を見上げた外敵にはあたかもそこにいないように見えなくなる。

ツチクジラの子どもと逆陰影

これを光の原理を利用した「逆陰影」という。ツチクジラを含むアカボウクジラ科は、なんともすごい原理を利用して、子どもを守っている。

魚類でも、この逆陰影を保護色として利用して外敵から逃れる種は比較的多く、シャチやイシイルカなど、全身が黒っぽいクジラ類も腹側は白い。シャチに至っては、海洋の覇者なので、腹側を白くしなくても襲われる心配はないと思ってしまうが、子どもの頃はこの原理が有効なのだろう。

ただ、アカボウクジラ科のように、子どもの時だけはっきりとした幼体色を示すクジラ類は他には例がない。

アカボウクジラ科の大人のほとんどは、真っ黒な体色を示すことから、子どものときに敵から身を守る保護色を取り入れることは、海の中で生き残るための彼らなりの理に叶った戦略なのだろう。

白い世界と茶色い世界

ゴマフアザラシは鰭脚類アザラシ科に分類されるアザラシである。毛皮がゴマのような黒いまだら模様なのが特徴で、名前の由来にもなっている。

日本では、冬から春にかけて、ベーリング海やオホーツク海の流氷と共に南下し、北海道周辺の氷上や雪上で子どもを出産し、授乳や育児もする。

生まれたばかりのゴマフアザラシの子どもは、周囲の白い環境と同化するために、全身白い新生児毛（ラヌーゴ）で覆われている。これは「ホワイトコート」とも呼ばれる。

白色のラヌーゴは氷上や雪上では保護色となり、太陽の光に反射すると銀白色にキラキラ光る。この時期のアザラシは、目の大きさや無防備さも相まって本当に可愛らしく、いくつものキャラクターやマスコットになるのも納得してしまう。

水族館での記録によると、授乳は3～4時間置きに行われ、授乳期間は2～4週間。

授乳が終わる頃にはホワイトコートは抜け落ち、親と同じゴマ模様の毛色になり、母親から自立する。

野生では、流氷が後退して離岸するとともにゴマフアザラシも再び北の海へ戻る。しかし、近年は北海道東部の沿岸にそのまま残るゴマフアザラシも増えているという。子どものゴマフアザラシが本州の沿岸に現われ、気持ちよく寝ている姿がニュースになることもある。

アシカ科のオットセイも日本周囲に棲息・回遊する。ゴマフアザラシと同じ鰭脚類だが、彼らの繁殖場所は主に岩場であるため、子どもは生まれた時から、親と同じ茶色っぽい色がそのまま保護色となる。

同じ分類群でも、生息環境により子どもの体色はさまざまで、それはひとえに、いかに敵に襲われずに命をつないでいくかという戦略の賜物《たまもの》である。

ここで、少し意地悪な見解を述べる。子どもの頃は、周囲の環境と同じ毛色を身にまとい、外敵のホッキョクグマやホッキョクギツネから逃れている、と紹介しているのだが、じつは極域という土地は無臭、つまりほとんど臭いがない環境だと聞く。

そのため、そこに生物のニオイがあれば「はい！　私はここにいます」と高らかに宣言しているようなもの。つまり、いくら体色で身を隠しても、身体から発する強烈な獣臭は隠しようがない。

実際にホッキョクグマが獲物を探すときは、氷の下をクンクン嗅いでアザラシの子どもを探す。そんな様子を見ると、体色の効果って本当にあるんだろうか、もっと違う戦略を取った方が良いのでは……と思う時もある。

もちろん体色にある程度の効果があるから継承されているわけなのだが、それでもホッキョクグマに襲われる子アザラシを見ると、消臭剤をプレゼントしたい衝動に駆られてしまうのだ。

赤ちゃんの可愛さには理由がある

黄金比の愛くるしさ

どのような動物の赤ちゃんでも、その容姿や顔を見ると思わず「可愛い！」と声を上げたくなるほど、愛くるしい容姿をしている。なぜこのようにヒトを含む動物の赤ちゃんの容姿や顔は例外なく大人には可愛いと感じるのだろう。

ここにも、子どもの生き残り戦略が隠されている。

赤ちゃんの顔は、まだ顔全体が成長段階にあることもあり、顔の大きさに比べて目や口などのパーツが大きく、中心部に偏っているように見える。さらに両目と唇の中央を線で結ぶとほぼほぼ「逆正三角形」を示す配置になっている。じつはこの黄金比率が「可愛い」という定義を生む。

もちろん、赤ちゃん自身がお母さんのおなかの中にいるときに忖度《そんたく》し、逆正三角形の顔をつくって産まれてくるわけではない。長い進化の過程で、そうした黄金比をもった個体だけが親から可愛がられた結果、生き残りに成功したため、この比率をもった個体が生まれる確率が増え、定着したのだろう。

基本的に生まれたばかりの哺乳類の赤ちゃんは、どんな形であれ親に守ってもらい、母乳という最大の栄養源をもらえるように、いわば媚《こ》びなければ生き残ることができない。だから、生まれた瞬間に、親から無条件に「この子を育ててあげたい」「お乳を与えたい」と思われるように、「可愛さ」を武器にする戦略なのである。

この話を初めて知ったとき、「本当だろうか」と思い、じつはいろいろな哺乳類の親子の顔を比較するというちょっとした調査をしてみたところ、確かにどの動物の子どもも、目と口を結ぶ線が〝逆正三角形〟を構成していた。

見た目が〝可愛い〟ということに加え、成体に比べて相対的に頭でっかちで手足が短く見える容姿も、「私はまだ完全な個体ではないですよ」「弱い生き物ですよ」というアピールにつながっている。そうすると、外敵に襲われやすくはなるが、周りの大人たちには、本能的に「守らなければいけない」と思わせる効果がある。

北極圏の氷上では無敵の王者であるホッキョクグマも、赤ちゃんの顔は〝逆正三角形〟の黄金比率にのっとり、無条件にとにかく可愛い。ホッキョクグマは、別名〝シロクマ〟とも呼ばれ、字のごとく真っ白な体毛をまとい、北極圏の流氷域や周囲の海

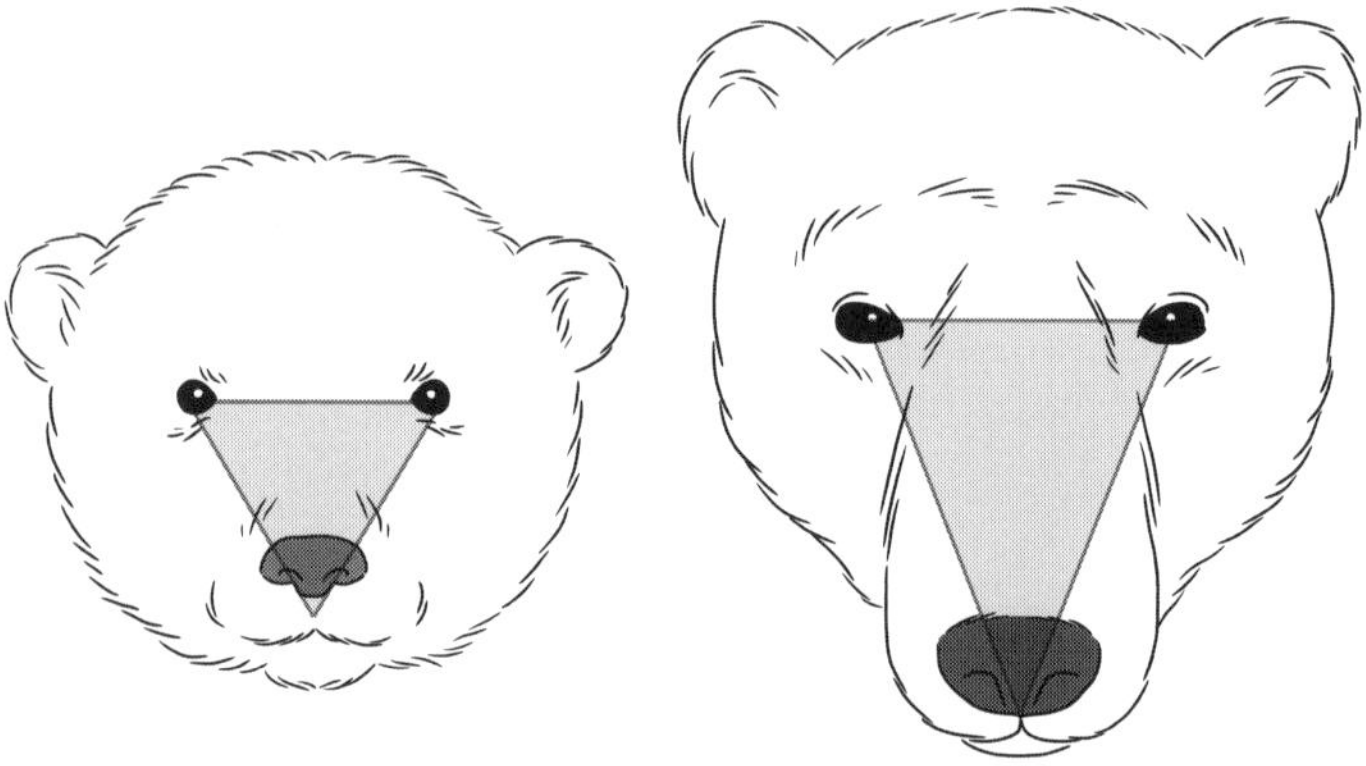

逆正三角形　　逆二等辺三角形

子ども（左）と大人（右）の顔のパーツ配置の違い

岸に分布している。大人のオスは体長2メートル以上になり、体重は最大で800キログラム近くに達する。メスでも大きいものは体重300キログラムを超える。

　これに対して、生まれたばかりのホッキョクグマの赤ちゃんは、体重わずか500グラム。人間の赤ちゃんよりもはるかに小さい。加えて、つぶらで真っ黒の瞳と小さな口で、逆正三角形の黄金比をつくれば、その愛くるしさは天下一品となる。

　母親は2年以上をかけて、子どもに授乳しながら一緒に過ごし、子育てをまっとうする。

　成長にともない、顔や鼻面も縦長

になると、左右の目と口を結ぶ線は、「逆二等辺三角形」になる。こうして大人顔になることは、一目で「強いオスだ」「性的に成熟した個体だ」と周囲に識別させることもできるので、これはこれで大人の生き残り作戦となる。

一方、人間社会で可愛がられるイヌやネコなどの愛玩動物の場合、成体になっても逆正三角形の可愛い顔をしている種が多い。こちらは品種改良された賜物で、顔が黄金比率のほうがより飼い主に可愛がってもらえる確率が高く、人気も出る。愛玩動物は同種で戦う必要はなく、ひたすら人間に可愛がられ、癒しの対象となるからそのほうが良いのだろう。

そういわれると、うちの愛猫たちもなんとも理想的な黄金比率ではないか。そうか、知らないうちに私自身もまんまとこの黄金比率の魔の手にかかっていたとは……身をもって知った次第である。

「ニオイ」という戦略

育児に追われて疲れ気味のお母さんも、赤ちゃんを抱っこしたり、添い寝をしたりすると、赤ちゃんから放たれるなんともいえない心地よいニオイがして、幸せな気分になり、疲れも少し緩むのではないだろうか。これも赤ちゃんの戦略の一つのようだ。

して使っている。

哺乳類の赤ちゃんたちは、見た目の可愛らしさだけでなく、ニオイも重要な作戦と

赤ちゃんは、母親はもとより、周りの大人たちに可愛がってもらえる独特のニオイを発している。そのニオイを嗅ぐと、母親や周りの大人たちは、脳の中にドーパミンと呼ばれる神経伝達物質が放出されることが、複数の研究から明らかにされている。ドーパミンは幸せホルモンなどとも呼ばれることもあり、次のような働きがある。

〇幸せな気持ちになる
〇意欲が向上する
〇集中力が高まる
〇ポジティブな思考になる

実際、赤ちゃんのニオイにより、脳内にドーパミンが増えると、母親は育児の不安や疲れが軽減されるとともに、赤ちゃんへの愛情が高まり、前向きな気持ちで育児を楽しめるようになるという。

私も、甥と姪が小さかった頃、彼らのニオイから多くの元気と活力をもらっていた。確かに、独特の心地よいニオイが彼らからはするのである。「ゆうちゃん、あれ買って！」といわれれば、ホイホイ買ってしまうダメ伯母で、いつも妹に怒られている。

また、野生下の動物の多くは、子どもが群れている中、自分の子どもをニオイと鳴き声で瞬時に識別することも、よく知られた事実である。

哺乳類がもつ五感（視覚、聴覚、触覚、味覚、嗅覚）のうち、最も古い感覚は嗅覚といわれている。嗅覚は、大脳辺縁系と呼ばれる本能を司る古皮質と共に、魚類や両生爬虫類でも比較的よく発達し、機能している。最も古い感覚の嗅覚をも戦略に取り入れて母性を誘導するとは、赤ちゃんの生き残り作戦はすごい。

しかし、ここにまた例外がいる。クジラ類である。彼らは脳に他の哺乳類がもつ嗅球（ニオイを司る脳の部分）が存在しない。ということは、基本的にニオイは嗅げない。そもそも水中生活に適応した彼らにとって、ニオイはあまり重要な感覚ではなくなったようであり、そのため、クジラ類の嗅球は退化したと推測されている。それでも、親子のイルカを見ていると、親は愛情たっぷりに育児をしている様子で、子どもはニオイという戦略がなくとも多くの愛情を注いでもらっている。

ちなみに、赤ちゃんの魔法のニオイは、種差はあるが生後6ヶ月前後で徐々に消失していく。

おわりに

本書では、動物たちが涙ぐましい求愛、繁殖、生存戦略によって生命をつないでいることを紹介してきたが、最後に「生命の始まり」についてご紹介しておきたい。生命は、精子と卵子が出会う一点から始まる。このとき、私たちの体内では何が起こっているのだろう。

メスのご機嫌をうかがいながら、やっとの思いで交尾に至り、晴れて自分の精子をメスの膣や子宮内へ放出した哺乳類のオスたち。

「やれやれ、これで自分の子孫を残せるぞ」と安心するのは、じつはまだ早い。放たれた精子のうち、新たな命につながるのはたった1つだけであり、その道のりは果てしもなく遠い。子宮内では、1個の卵子をめぐり、精子同士のさらなる争奪戦が繰り広げられる。

哺乳類のオスは交尾の際、メスの膣や子宮に膨大な数の精子を射精する。人間の場合、1回の射精で数千万から数億個の精子が放出され、膣内へ流れ込む。

最終的に受精卵が成長する場所となる子宮の形は、本書にも書いたとおり動物種により異なるが、いずれのタイプでも、子宮へ流れ込んだ精子は、メスの生殖道と精子自らの運動により卵管と呼ばれる細いトンネルを通って、その奥の大広間（卵管膨大部）で卵子と対面することが多い。

精子が放出されてから、卵管の大広間へ到達するまでの時間は動物によりさまざまだが、ウシではわずか2、3分という。しかし、精子が出会いの場である卵管膨大部に到着しても、肝心の卵子がいなければ話にならない。両配偶子（精子と卵子）が同時に卵管膨大部にいなければ、受精は成立しないのである。

そのためか、精子にもいろいろな戦略をもったものがいる。観察すると、交尾後直ちに卵管に到達する精子群が見られる。これらは威勢よくトップを独走するものの、受精部位をそのまま素通りして勢い余って腹腔内まで行ってしまうと、だいたいそのまま死滅する。

それに次いで観察される精子群がいる。こちらは卵管狭部で一時的に小休止し、受精部位に卵巣から卵子が下降してくる時期を見計らって移動する。なんともしたたかな精子群である。トップを独走する精子群の様子を見てから、自分たちの行動を制御するとは……あっぱれ。

一方の卵子はというと、メスの卵巣では、ホルモンの働きにより一定周期で複数の卵胞（膜に包まれた卵子）が成熟する。その中で最も優れた1個の卵胞だけが、膜を脱ぎ捨てて卵子となり、卵巣から飛び出して卵管へ入り、卵管膨大部へ移動する。「排卵」と呼ばれる現象である。

こうして卵管奥の大広間へ卵子が姿を現し、精子たちを出迎えることになる。やっと精子と卵子のご対面に至るわけだが、まだ「めでたし、めでたし」とはいかない。なにしろ、1個の卵子に対し、数万もの精子が群がるのだ。まさに逆ハーレム状態だが、ここでも一番乗りの精子や勢いのある精子が必ずしも有利とはならない。

卵子は、主に2つのバリアで保護されている。一つは、表面を覆う顆粒膜細胞と呼ばれるバリア、そしてもう一つは透明帯（糖タンパク質の膜）と呼ばれる強靭なバリアである。

精子が卵子と結ばれるためには、この2つのバリアを突破しなければならない。精子はこれを突破する力（受精能）を、卵管で小休止しているときに獲得する。メスのホルモンの力を借りながら、生理的にも形態的にも変化し、ひと回り大きく成長する。

受精能を獲得した精子はまず、自らの先端部分から顆粒膜細胞を分解する酵素（ヒアルロニダーゼなど）を放出し、第一のバリアを突破する。そして次に、同じ先端部分から透明帯を分解する酵素（アクロシン）を分泌しながら、尾部の激しい振幅運動と瞬発力で第二のバリアを突破する。

これらをクリアしたものだけが、晴れて卵子と受精できる。

1個の精子が卵子の中に入ると、その瞬間に受精は成立し、他の精子はシャットアウトされる。もはや最後は運次第で、受精できなかった残りの精子はそこで死滅し、メスの栄養となる。

排卵後の卵子の受精能保有時間は動物によりさまざまで、ウサギでは6～8時間、イヌでは108時間と幅があるものの、一般的には24時間以内である。一方、精子は最大7日間程度生き延びる種が多く、射精後約1週間が受精可能な期間といえよう。

受精卵は、細胞分裂を繰り返しながら3日前後で卵管膨大部から「子宮」へ移動する。子宮に入った時点で受精卵は「胚」と呼ばれるようになり、子宮壁の一定部位に定着する。これを「着床」といい、これでようやく妊娠成立である。

求愛アピールから始まった長い旅路も、ようやく1つ目のゴールに辿り着けたことになる——。

本書のテーマは、専門的に表現すると「性選択（性淘汰）」が中心になっている。性選択は、現在では進化生物学において重要な理論の一つに位置づけられている。

本文中にも述べたが、一般的に、「自然選択（自然淘汰）」とは、周囲環境や条件に適応した生物が生き残り、反対に適応できなかった生物は滅びていくことをいう。

一方、生き残るためには直接、必要ではない、または意味を成さないけれど、繁殖において、配偶者の選択理由や配偶者選びでの闘争の際には欠かすことのできない工夫や戦略、適応を成し得た生物（個体）は生き残り、子孫を残すことができる。そして適応できなかった生物（個体）は滅びていく。この現象を「性選択（性淘汰）」という。

性選択については、かの有名なチャールズ・ダーウィンも、進化論とは別にその理論やしくみを見出していた。ダーウィンがその理論を見出したのは、さまざまな動物を注意深く観察し、洞察を深めていたことに基づく。今回、そんなダーウィンと同じ視点で動物を見ることができたかもしれないと思うと、素直に嬉しいと感じる。

性選択というと「選択される・されない」という点に、意味や価値があるように思ってしまうかもしれない。生物である以上、ある種の選択は避けられないが、それは「生物が生きるため」に必要なものである。

結果的に選択された側もされなかった側も、生命の連なりという長い道のりの通過点にすぎないことを忘れてはいけないと思う。

動物は、どんなときも「ただ、生きること」にそれはもう一生懸命である。それは、ときに単純であったり短絡的に見えるかもしれないが、本書で紹介したように、生命をつなぐ営みにこそ、驚くべき工夫や戦略、涙ぐましい努力が潜んでいる。それらのおかげで、動物たちは生きていくことができる。

ダーウィンが生きていた時代から200年余り経った現在に至るまで、性選択にまつわる数多くの発見や新たな理論が提唱されてきた。それでも、自然界には圧倒的にわからないことがあふれ、研究者として絶望感と期待感の両方が湧き続けている。

動物たちからすれば、「わかってたまるか！」なのかもしれないが、わからないからこそ面白く、さらに突き詰めたい理由にもなる。

すべての生物にとって、「生きること」はそれだけで大変なことである。それでも、動物たちは、迷うことなく前を向いて生きているように見える。私には、どこか楽しそうに見えることもあり、そんな彼らから、命を得て生きることの喜びと勇気をもらえる。「生きること」は結構大変だけど、それだけで素晴らしいことなのではないかと。

人間は、「ただ、生きること」に満足せず、それを楽しむことも忘れがちだ。そんなとき、動物たちの生きざまからヒントをもらえることがあるのではないだろうか。

前著の『海獣学者、クジラを解剖する。』に引き続き、デザイナーの佐藤亜沙美さんとイラストレーターの芦野公平さんとご一緒できたことが、大変嬉しい。私のつたなく小難しい文章を、やわらかくわかりやすくしていただいた。さらに、参考文献やイラストの参考資料作成にご尽力いただいた、山田格先生と西間庭恵子さんに心から感謝申し上げる。山と溪谷社の綿ゆりさん、編集協力の小林みゆきさんにも本当にお世話になりっぱなしであった。心から感謝申し上げる。

生物や動物、そして自分自身をよりよく理解するには、さまざまな方法やきっかけがある。そうしたきっかけの一つに、この本がなれたならこれほど嬉しいことはない。

2023年3月

田島木綿子

■新村芳人 (2015), 嗅覚受容体遺伝子の進化 , におい・かおり環境学会誌 46 (4): pp. 261-263.

■ Kishida T, Thewissen JGM, Hayakawa T, Imai H and Agata K (2015), Aquatic adaptation and the evolution of smell and taste in whales, *Zoological Letters*, 1: 9.

■ Berta A, Sumich JL and Kovacs KM (2015), Marine Mammals: Evolutionary Biology 3rd ed, Academic Press.

■ Whitehead H and Mann J (2000), Female reproductive strategies of cetaceans, Mann J, Conner RC, Tyack PL and Whitehead H (eds.), *Cetacean Societies: Field studies of dolphins and whales*, pp. 219-246, University of Chicago Press.

■ Würsig B, Thewissen JGM and Kovacs KM (2018), Encyclopedia of Marine Mammals 3rd ed, Academic Press/Elsevier.

■ Fontaine, P-H (2007), Whales and Seals: Biology and Ecology, Schiffer Publishing.

■ Flower, WH (1883), Evolution of the Cetacea, *Nature*, 29: 170.

■ Holowko, B (2016), Why human jawbones shrink so rapidly in evolution scale?, *International journal of orthodontics (Milwaukee, Wis.)*, 27 (4): pp.43-48.

■ Reidenberg, JS (2017), Terrestrial, Semiaquatic, and Fully Aquatic Mammal Sound Production Mechanisms, Acoustics Today , 13: pp.35-43.

■片岡啓 (1985), 各種哺乳動物の乳成分組成の比較 , 岡実動研報 (3): pp.24-32.

■ Allen WR, Wilsher S, Turnbull C, Stewart F, Ousey J, Rossdale PD and Fowden AL (2002), Influence of maternal size on placental, fetal and postnatal growth in the horse. I. Development in utero, *Reproduction*, 123 (3): pp.445-453.

■宮川信一 (2019), 温度で決まる動物のオスとメスの研究 , 理大 科学フォーラム (8): pp.36-41.

■中尾敏彦 , 津曲茂久 , 片桐成二編 (2012), 獣医繁殖学 第 4 版 , 文永堂出版 .

■ Slijper BJ (1961), Locomotion and locomotory organs in whales and dolphins *(Cetacea)*, *Symposia of the Zoological Society of London*, 5: 77-94.

■ Tajima Y, Hayashi Y and Yamada TK (2004), Comparative anatomical study on the relationships between the vestigial pelvic bones and the surrounding structures of finless porpoises *(Neophocaena phocaenoides)*, *Journal of Veterinary Medical Science*, 66: pp. 761-766.

■山田格 (1990), 脊椎動物四肢の変遷 : 四肢の確立 , 化石研究会会誌 , 23: pp. 10-18.

■ Jarvick E (1980), Basic structure and evolution of vertebrate Vol. 1, Academic Press London.

■ Ridgway SH (1972), Mammals of the sea: Biology and Medicine, Charles C. Thomas Publisher.
■ Koda H, Murai T, Tuuga A, Goossens B, Nathan SKSS, Danica J. Stark, Diana A. R. Ramirez, John C. M. Sha, Ismon Osman, Rosa Sipangkui, Seino S and Matsuda I (2018), Nasalization by Nasalis larvatus: Larger noses audiovisually advertise conspecifics in proboscis monkeys, *Science Advances*, DOI: 10.1126/sciadv.aaq0250
■ Prum RO and Torres RH (2004), Structural colouration of mammalian skin: convergent evolution of coherently scattering dermal collagen arrays, *Journal of Experimental Biology*, 207: p.2157.
■ Kawamura A, Kohri M, Morimoto G, Nannichi Y, Taniguchi T and Kishikawa K (2016), Full-color biomimetic photonic materials with iridescent and non-iridescent structural colors, *Scientific Reports*, 6, 33984.
■安達大輝，高橋晃周, Costa DP, Robinson PW, Hückstädt LA, Peterson SH, Holser RR, Beltran RS, Keates TR and 内藤靖彦 (2021), Forced into an ecological corner: Round-the-clock deep foraging on small prey by elephant seals, *Science Advances*, DOI: 10.1126/sciadv.abg3628
■ Yato TO and Motokawa M (2021), Comparative morphology of the male genitalia of Japanese Muroidea species, *Mammal Study* , DOI: 10.3106/ms2020-0096.
■進藤順治，関澤健太，岡田あゆみ，松井菜月，松田純佳，松石隆 (2018), ミンククジラ新生仔の舌形態，日本野生動物医学会誌，23 (3): pp. 77-82.
■進藤順治，岡田あゆみ，天野雅男，吉村建 (2013), アカボウクジラ新生仔の舌形態．日本野生動物医学会誌，18 (4): pp.121-124.
■ Hirose M, Honda A, Fulka H, Tamura-Nakano M, Matoba S, Tomishima T, Mochida K, Hasegawa A, Nagashima K, Inoue K, Ohtsuka M, Baba T, Yanagimachi R and Ogura A (2020), Acrosin is essential for sperm penetration through the zona pellucida in hamsters, *Proceedings of the National Academy of Sciences of the United States of America*, 117 (5): pp.2513-2518.
■粕谷俊雄著 (2011), イルカ；小型鯨類の保全生物学，東京大学出版会．
■長谷川眞理子著 (2005), クジャクの雄はなぜ美しい? 増補改訂版，紀伊国屋書店．
■ Cozzi B, Huggenberger S, Oelschläger H 著，山田格監訳 (2020), イルカの解剖学：身体構造と機能の理解，エヌ・ティー・エス，p. 616.
■田島木綿子，山田格総監修 (2021), 海棲哺乳類大全：彼らの体と生き方に迫る，緑書房．
■松浦啓一，「海底にミステリーサークルを作る新種のフグ」，海洋政策研究所，Ocean Newsletter, 第 363 号 (2015.9.20 発行). https://www.spf.org/opri/newsletter/363_1.html（閲覧日：2023 年 2 月 27 日）

著者略歴

田島木綿子（たじま・ゆうこ）

国立科学博物館動物研究部脊椎動物研究グループ研究主幹。筑波大学大学院生命環境科学研究科准教授。博士（獣医学）。1971 年生まれ。日本獣医生命科学大学（旧日本獣医畜産大学）獣医学科卒業。学部時代にカナダのバンクーバーで出合った野生のオルカ（シャチ）に魅了され、海の哺乳類の研究者として生きていくと心に決める。東京大学大学院農学生命科学研究科にて博士号取得後、同研究科の特定研究員を経て、2005 年からアメリカの Marine Mammal Commission の招聘研究員としてテキサス大学医学部と The Marine Mammal Center に在籍。2006 年に国立科学博物館動物研究部支援研究員を経て、現職に至る。海の哺乳類のストランディング個体の解剖調査や博物館の標本化作業で日本中を飛び回っている。獣医学の知見を活かし、海と陸の哺乳類の繁殖戦略についても詳しい。著書に『海獣学者、クジラを解剖する。』（山と溪谷社）ほか。

イラストレーション　芦野公平
ブックデザイン　佐藤亜沙美
DTP　宇田川由美子
校正　神保幸恵
編集協力　小林みゆき
編集　綿ゆり（山と溪谷社）

クジラの歌を聴け

動物が生命をつなぐ驚異のしくみ

2023年4月20日　初版第1刷発行
2023年6月10日　初版第2刷発行

著　者　田島木綿子
発行人　川崎深雪
発行所　株式会社山と溪谷社
〒101-0051
東京都千代田区神田神保町1丁目105番地
https://www.yamakei.co.jp/

■乱丁・落丁、及び内容に関するお問合せ先
山と溪谷社自動応答サービス
TEL. 03-6744-1900
受付時間／11:00～16:00（土日、祝日を除く）
メールもご利用ください。
【乱丁・落丁】service@yamakei.co.jp
【内容】info@yamakei.co.jp
■書店・取次様からのご注文先
山と溪谷社受注センター
TEL. 048-458-3455
FAX. 048-421-0513
■書店・取次様からのご注文以外のお問合せ先
eigyo@yamakei.co.jp

印刷・製本　株式会社シナノ

定価はカバーに表示してあります

Printed in Japan
ISBN978-4-635-06329-6

海獣学者、クジラを解剖する。

田島木綿子 著

電話1本で海岸へ出動、クジラを載せた車がパンク、帰りの温泉施設で異臭騒ぎ——。日本一クジラを解剖してきた研究者が、七転八倒の毎日とともに海の哺乳類の生態を紹介する科学エッセイ。

山と溪谷社の科学の本

さんすうの本

橋爪大三郎 著

たし算、分数、図形、約数、ピタゴラスの定理。９歳のすみれと一緒に、数のひみつをときあかす算数ファンタジー。小学算数の基本とあわせて哲学的な学びもあり、知の世界を広げていく基礎になる一冊。